U0155884

澳门蛾类

李志强　主编

MOTHS IN MACAO

SPM 南方传媒 | 广东科技出版社
全国优秀出版社
·广州·

图书在版编目（CIP）数据

澳门蛾类/李志强主编．一广州：广东科技出版社，2023.3
ISBN 978-7-5359-8013-7

Ⅰ．①澳… Ⅱ．①李… Ⅲ．①鳞翅目—介绍—澳门 Ⅳ．①Q969.420.8

中国版本图书馆CIP数据核字（2022）第210894号

澳门蛾类
Aomen Elei

出 版 人：严奉强
责任编辑：区燕宜　于　焦
封面设计：柳国雄
责任校对：李云柯
责任印制：彭海波
出版发行：广东科技出版社
（广州市环市东路水荫路11号 邮政编码：510075）
销售热线：020-37607413
http://www.gdstp.com.cn
E-mail：gdkjbw@nfcb.com.cn
经　　销：广东新华发行集团股份有限公司
印　　刷：广州市彩源印刷有限公司
（广州市黄埔区百合三路8号　邮政编码：510700）
规　　格：787 mm×1 192 mm　1/16　印张22　字数450千
版　　次：2023年3月第1版
2023年3月第1次印刷
定　　价：268.00元

《澳门蛾类》编委会

编写单位

广东省科学院动物研究所

澳门特别行政区市政署园林绿化厅

中山大学生态学院

内容简介

introduction

蛾类昆虫是生物多样性的重要组成部分。基于对澳门蛾类物种资源的调查，本书描述了澳门的蛾类昆虫272种，其中包括中国新记录2种、澳门新记录191种；提供了原色生态图及标本图共计300余幅，并附有澳门蛾类名录。本书可为生物多样性保护、监测等工作者提供参考。

序言

Preface

澳门特别行政区（以下简称“澳门”）位于我国南部，地处珠江三角洲西岸，海拔较低，最高峰在路环岛西部的塔石塘山，又名叠石塘山，海拔172.4米。澳门处于亚热带地区，北靠亚洲大陆，南临热带海洋，冬短夏长。澳门面积小，但总面积因沿岸填海还在扩大，至2020年达到32.9千米^2，海岸线长达76.7千米。澳门的地质环境与广东沿海地区相似，植物区系也与广东植物关系密切，属南亚热带气候。植被较为丰富，陆生自然植被群落多样性较高，可分为针叶林、针阔混交林、常绿阔叶林、常绿落叶混交林、灌丛等，还有数量可观、生态地位重要的红树林湿地。但因面积所限，澳门本地特有的植物种类较少。

澳门昆虫区系的调查工作起步较晚，其中Emmett R. Easton博士、潘永华等学者于20世纪90年代做了大量奠基性的研究工作，后经广东省科学院动物研究所（原广东省昆虫研究所、广东省生物资源应用研究所）的野外补充调查研究，目前初步统计有昆虫700种以上。但是，澳门昆虫仍缺乏进一步系统的研究，有不少澳门昆虫新记录物种有待被发现报道。也有一些种类由于环境的变化已很难见到，因此这项工作对环境变化的监测具有重要意义。

昆虫纲第二大目鳞翅目中的蛾类昆虫种类繁多，生活习性复杂，大部分是陆栖，仅有少数螟蛾、夜蛾幼虫栖于岸边浅水。蛾类成虫仅吸食花蜜等液体，有的种类成虫不取食。绝大多数幼虫为植食性，取食叶片，钻蛀根、茎和果实，有的能引起虫瘿，一些种类为农林业的重要害虫，而更多的种类通过访花、传粉等习性发挥着重要的生态功能。

澳门面积小、人口密集，加之土地开发、城市化进程快等因素，生物多样性受到一定干扰。昆虫包括蛾类的种类、数量也受到了一定的影响，因此相关的考察研究工作亟须开展。李志强等研究者在广东省科学院、澳门特别行政区市政署（原民政总署）等单位和同行好友的支持下，在前期的野外调查、标本采集的基础上，进一步查清了澳门蛾类物种的情况，经过整理、鉴定、描述，编撰完成了《澳门蛾类》一书，基本掌握了澳门蛾类的本底情况，为当地的生态环境保护和监测等相关工作提供了科学依据。

南开大学教授　李后魂

2022年夏于天津

前　言

Foreword

生物多样性是维持人类生存、维护国家生物安全和生态安全的物质基础，是实现可持续发展的重要战略资源。鳞翅目是昆虫纲第二大目，其中蛾类占鳞翅目物种的85%以上，种类繁多，习性复杂。蛾类多样性在生物多样性保护和生态恢复中具有重要地位。澳门蛾类多样性能够作为生物指示对澳门生态恢复情况进行评价，反映生态系统的平衡和稳定性，以及生态恢复重建的效果。

澳门特别行政区具有非常独特的地理位置、自然环境和发展历史。澳门位于东经113°31′41.4″～113°35′48.5″和北纬22°06′36.0″～22°13′01.3″，属亚热带季风区，降水量充沛，年平均降水量为1 966.6毫米，年平均气温多在22.6℃以上，年平均相对湿度82.0%，具有明显的热带及亚热带海洋气候特点，植被类型具有南亚热带至热带过渡性特点，生态条件较优越。澳门的地质历史较短，地势低矮、南高北低，在大地构造上为华南准地台的一部分，澳门半岛的地貌类型以平地为主，路环以丘陵为主，氹仔则介于两者之间，此外还有台地和海岸地貌类型，其地质地貌深受华夏构造体系的影响。20世纪60年代以来，随着澳门城市化的快速发展，原生植被几乎丧失殆尽，生态环境受到很大影响。近年来，澳门特别行政区政府大力保护自然生态环境，植物、脊椎动物的本底信息已比较清楚，但对昆虫缺乏系统性调研。

澳门特别行政区市政署、澳门地球物理暨气象局对澳门生态环境保护极为重视，也非常关注气候变化对澳门生物多样性的影响，因此近年来组织广东省科学院动物研究所多次对澳门的昆虫资源进行考察，其中对白蚁、蝴蝶、蜻蜓和蛾类进行了专项调查，发表研究论文3篇，出版专著《澳门白蚁》《澳门蝴蝶百选》2部。2015年开展的澳门蛾类专项调查发现，澳门蛾类物种丰富，但种群数量较少；澳门与华南地区的蛾类区系结构相似；澳门城市化的干扰对蛾类群落组成与结构有明显的影响。本书记载描述了澳门蛾类272种，整理了澳门蛾类名录共368种。其中，不乏具有观赏价值的晰奇尺蛾、大燕蛾、黄体鹿蛾、黄缘霞尺蛾、蓝条夜蛾、榄绿歧角螟等种类，并发现中国新记录种2种，澳门新记录种191种。本项工作进一步系统梳理了澳门蛾类资源情况，可以为今后澳门生物多样性的长期监测奠定基础，为澳门生态环境及生物多样性的保护提供参考。但是，澳门蛾类资源的调查和研究还不够充分，仍有待进一步完善，而且由于编者水平有限，书中疏漏或错误在所难免，望广大读者给予批评指正。

本书的完成得到了广东省科学院科技发展专项（2020GDASYL-20200301003、2021GDASYL-20210103049）和澳门特别行政区市政署项目（45/SZVJ/2015）的支持。澳门特别行政区市政署园林绿化厅黄继展、李志锐、简汉彪、郭菲力、吴作谦、植诗雅、阮大伟等对于野外调查及本书出版给予了大力协助与支持，此外本书蛾类物种描述、鉴定得到了中国科学院动物研究所韩红香研究员、东北林业大学韩辉林教授的无私帮助，以及华南农业大学王厚帅博士的指正，在此一并致谢。

李志强

2022年5月5日

目　录

Contents

1

第一章
概　述

一、澳门自然环境

澳门地处珠江口西岸，毗邻广东，北与珠海相接，西与珠海湾仔、横琴隔水相对，东隔珠江口与香港相望。澳门氹仔岛和路环岛原为两个离岛，因西江水流带来大量泥沙，经有规划的填海工程，氹仔岛和路环岛贯通连接区域形成路氹填海区，现澳门面积为32.9千米^2，海岸线长达76.7千米。澳门属亚热带海洋性季风气候，春季不明显，5月底（初夏）开始炎热潮湿，吹西南风并时有热带气旋（台风）或西南季风低压槽带来的长时间降雨；夏季高温多雨，冬季温和少雨；11月开始降温，全年最低气温通常在2月。澳门土壤以花岗岩发育而成的赤红壤为主，大地构造上为华南准地台，地质环境基本与广东东南沿海地区相似。

澳门植被类型以南亚热带季风常绿阔叶林为优势类型。澳门在城市化的进程中，由于人类的过度干扰及自然灾害等原因，至20世纪初生态环境受到严重破坏。20世纪60年代以来，澳门开始致力于植被的恢复重建，马尾松*Pinus massoniana*最先大量种植，其次是台湾相思*Acacia confusa*、木麻黄*Casuarina equisetifolia*、小木麻黄*Casuarina stricta*、樟*Cinnamomum* sp.、桉*Eucalyptus* sp.、红胶木*Lophostemon confertus*、大叶合欢*Albizia lebbeck*等。目前，澳门地带性植

被南亚热带常绿阔叶林几乎丧失殆尽，仅在东望洋山、西望洋山、青州山等处零星分布有次生南亚热带常绿阔叶林，乔木种类极少；氹仔的小潭山、大潭山保留有2～4米高的灌丛群落；澳门路环人为干扰较少，天然植物群落相对多见。生态环境的破坏是导致澳门生物多样性丧失、生态系统退化的主要因素，生物多样性保护是澳门生态环境保护的重要组成部分。

二、澳门昆虫

昆虫是动物界中种类最多的类群，既是动物物种多样性的主体，也是生态系统物质和能量循环的重要环节，在抵御生物入侵和增强生态安全等方面发挥着重要的生态作用。20世纪90年代以来，澳门地区在1997年整理记录昆虫450种，其后一些昆虫类群的研究不断有报道，等翅目昆虫9种；直翅目昆虫24种；蜻蜓目昆虫46种；半翅目、同翅目（现已归入半翅目）昆虫96种；鳞翅目昆虫219种，其中蝴蝶经黄海涛等调查统计有119种；鞘翅目水生甲虫25种，天牛科52种，金龟科11种；双翅目蚊类35种，蠓科昆虫9种，摇蚊科3种；膜翅目记录蚂蚁105种。此外，基于对澳门的调查，出版过一些有关澳门昆虫的专著，早期有《澳门昆虫手册》，其后有《澳门白蚁》《澳门蝴蝶百选》。

鳞翅目昆虫是昆虫纲第二大目，其中蛾类约占鳞翅目全部种类的85%以上。澳门蛾类昆虫的研究有限，早期报道有145种，随后潘永华和白加路（1997）集中记载澳门鳞翅目昆虫260种，其中蛾类有173种。2011—2015年，广东省科学院动物研究所在澳门开展昆虫多样性研究，范围包括了澳门半岛的松山公园、青洲山、望厦山、市政公园；氹仔的大潭山、小潭山、龙环葡韵湿地；路环的金像农场、九澳淡水湿地、九澳山、叠石塘山、黑沙水库、龙爪角海岸径、家乐径、东北步行径、石排湾公园等地，发现了更多的蛾类昆虫，本书收录的是澳门目前公开报道最多的蛾类种类记录。

第二章

蛾类昆虫

一、鳞翅目的分类系统

鳞翅目Lepidoptera包括蝶类和蛾类，目前已知约16万种，是昆虫纲中种类最为丰富的类群之一。目前多支持把鳞翅目分为4个亚目，即轭翅亚目Zeugloptera、无喙亚目Aglossata、异蛾亚目Heterobathmiina和有喙亚目Glossata。有喙亚目又被分为毛顶次亚目Dacnonypha、新顶次亚目Neopseustina、冠顶次亚目Lophocoronina、外孔次亚目Exoporia、异脉次亚目Heteroneura和双孔次亚目Ditrysia，双孔次亚目包括了鳞翅目中约98%的物种。

近年来，分子系统学研究多支持鳞翅目分为43总科133科的分类系统，其中蝶类仅有1总科7科约19 000种，其余均为蛾类。常见的蛾类有谷蛾总科Tineoidea、巢蛾总科Yponomeutoidea、细蛾总科Gracillarioidea、卷蛾总科Tortricoidea、斑蛾总科Zygaenoidea、木蠹蛾总科Cossoidea、麦蛾总科Gelechioidea、螟蛾总科Pyraloidea、尺蛾总科Geometroidea、蚕蛾总科Bombycoidea和夜蛾总科Noctuoidea等类群的昆虫。

二、蛾类成虫形态

蛾类的体型从微型至大型都有，昆虫体、翅及附肢密被鳞片，体长1.5～80毫米，翅展3～320毫米。

1. 头部

口器多为虹吸式，呈能够卷曲和伸展的长喙状（图1A），少数为咀嚼式，或口器退化。下颚须多退化，下唇须发达。复眼发达，单眼2个或退化。触角常为丝状或栉齿状等（图1B、C、D）。

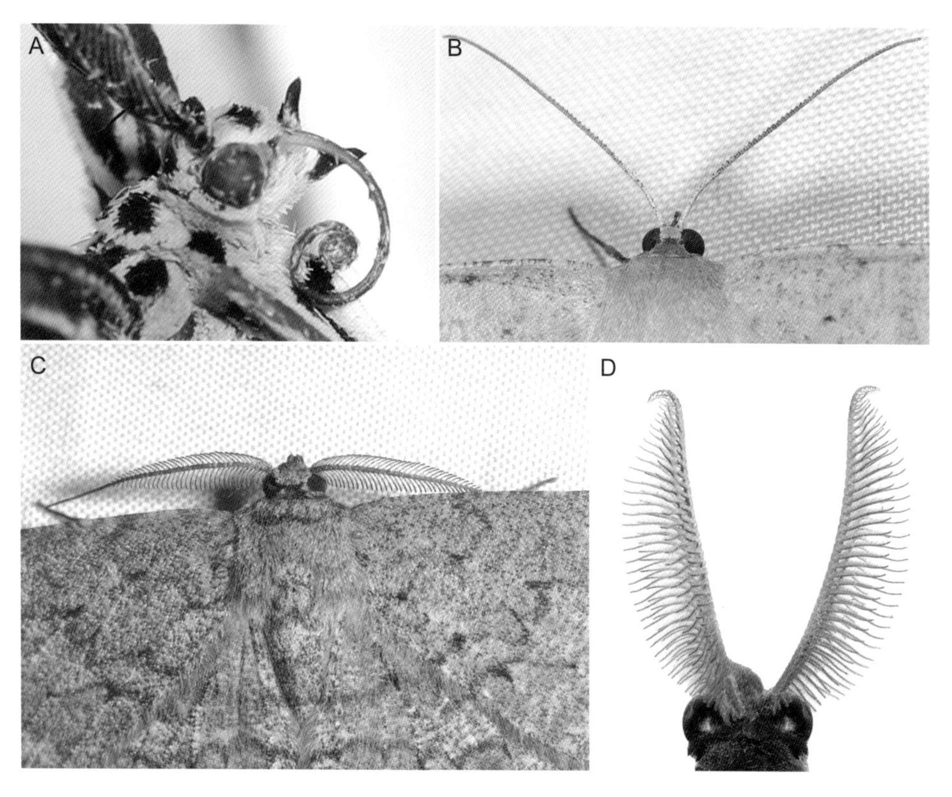

A．虹吸式口器；B．丝状触角；C、D．双栉齿状触角。

图1 蛾类的口器和触角

2. 胸部

胸部3节愈合；前、后胸稍小，中胸最大。通常有领片和肩板。前足胫节有胫突形成净角器，无端距；中足有1对端距；后足有1对中距和1对端距。前、后翅脉序相对简单，很少有横脉，基部都有1个中室；少数种类前、后翅的脉序相似，多数种类前、后翅脉序不同。翅的形状由窄至宽变化很大，翅面的鳞片常形成各种斑纹，以斑块和线纹较为常见，且分布有一定的规律，其形状、分布因种类而异，因此物种描述时通常给予一定的名称（图2），贯穿翅面的横线纹一般有亚基线、基线、内线（也称为内横线、前中线）、中线（也称为中横线）、外线（也称为外横线、后中线）、亚端线（也称为亚外缘线、亚缘线）和端线（也称为外缘线），这些线有时呈带状；斑块通常有环纹（也称为环形纹、中室圆斑）和肾纹（也称为肾形纹、横脉纹、中室端脉斑、中点）等；翅外缘和后缘伸出的细长鳞片称缘毛。在本书物种的描述中，不同类群使用了各自的斑纹惯用名称。

蛾类停息时，多数种类成虫的翅叠盖在腹部上，呈屋顶状（图3A）；尺蛾休

图2　蛾类翅面常见斑纹

息时翅常平铺展开（图3B）。飞行时，大部分蛾类借助连锁器将前、后翅连成一体，使两对翅能够协调拍动，以增强飞翔效能。连锁器通常为翅缰型（图4），即以位于后翅基角呈刚毛状的翅缰插入前翅的翅缰钩内，翅缰钩位于前翅反面基部，为一丛鳞片、刚毛或钩状突起。但是蚕蛾、大蚕蛾、枯叶蛾等以翅抱型连锁前翅与后翅，即后翅肩区扩大加宽，飞行时抵住前翅基部。

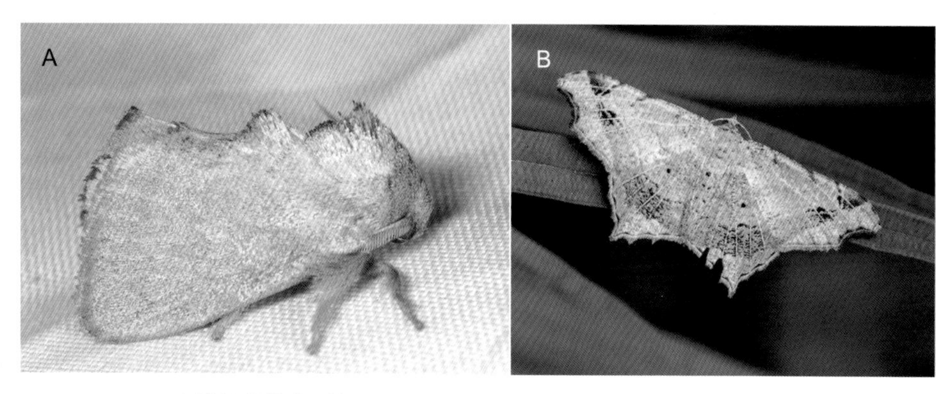

A．多数蛾类停息时翅呈屋顶状；B．部分蛾类停息时翅常平铺展开。

图3　蛾类停息时翅的状态

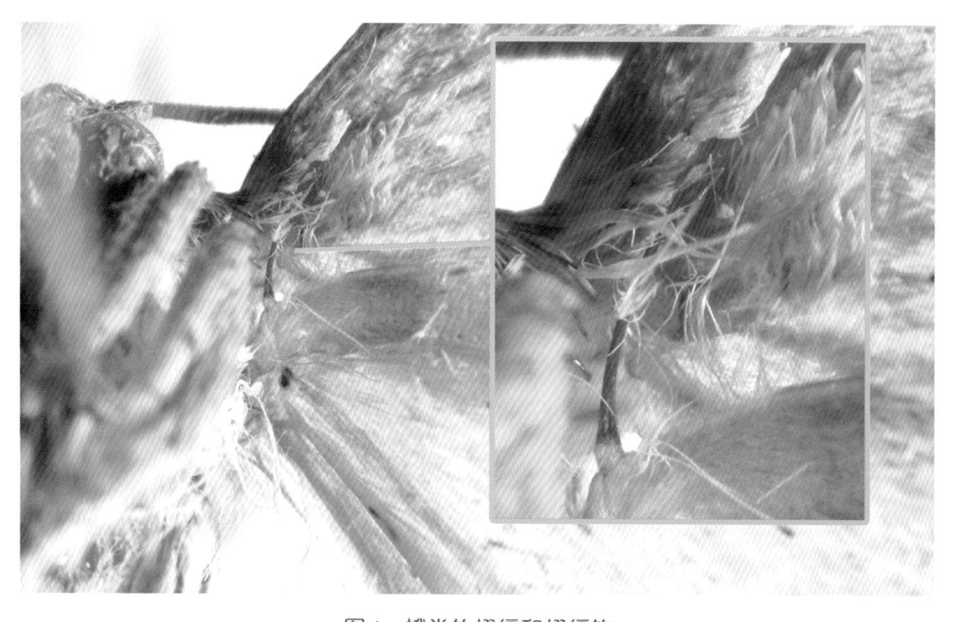

图4　蛾类的翅缰和翅缰钩

3. 腹部

腹部10节，外生殖器位于第8～10节。雄性外生殖器（图5A）主要位于第9、第10节。雌性外生殖器（图5B）多属于双孔类，即交配孔和产卵孔位于不同的体节上。有的腹部末端有毛刷或毛簇，无尾须。

不少种类的蛾类具有鼓膜听器，夜蛾的听器位于后胸，尺蛾和螟蛾的听器位于第1腹节，钩蛾、燕蛾和谷蛾等蛾类腹部也有听器。

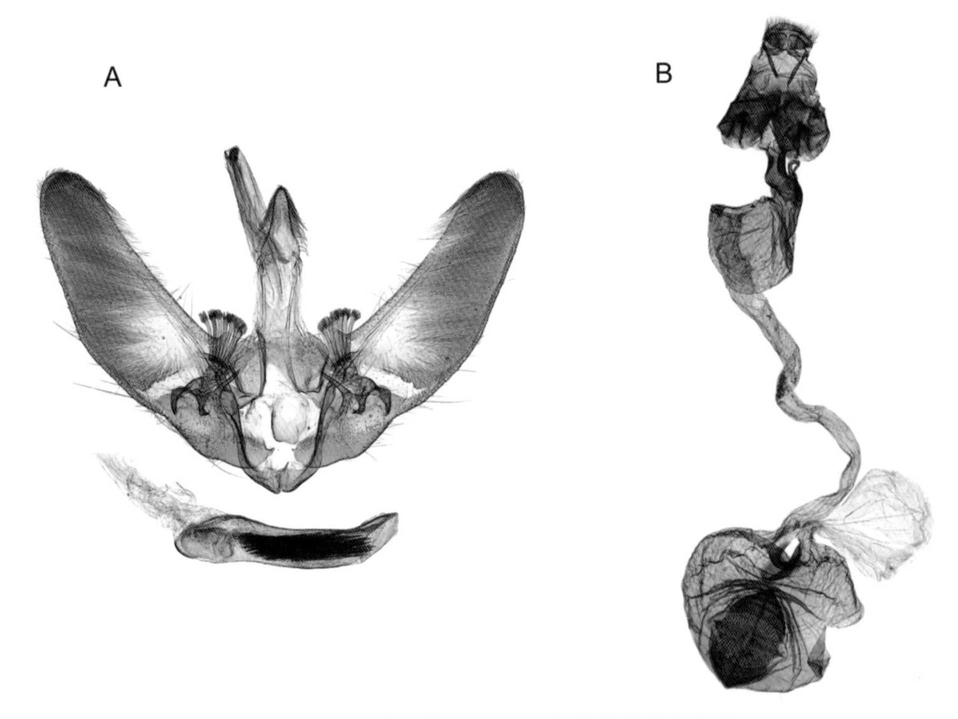

A．野螟的雄性外生殖器；B．野螟的雌性外生殖器。

图5　蛾类外生殖器形态

三、蛾类的变态类型

蛾类是完全变态类昆虫，有卵、幼虫、蛹与成虫4个虫态。不同虫态之间形态差异巨大。

蛾类的卵通常呈球形、半球形、扁球形、纺锤形、椭圆形或扁鳞片形等，卵壳上有脊纹、皱褶或横纹等。幼虫头壳强烈骨化，两侧一般各具6个单眼；口器咀嚼式，通常有1个吐丝器；腹足有趾钩是鳞翅目幼虫区别于其他幼虫的重要特征，趾钩的排列方式多样。蛾类的蛹常有丝质茧包被或在土室化蛹，也有石灰质茧。

四、蛾类的习性及经济重要性

蛾类成虫多为夜间活动，具有趋光性，对330～400纳米的紫外光反应最强烈。成虫寿命通常几天，一般不再为害，仅吮吸花蜜、露水、水、汗水、腐败水果、动物排泄物等，有少数蛾类会通过为害果实来补充营养，如一些吸果夜蛾类。成虫产卵量较大，从几十粒到上千粒，通常单产、散产或堆产，多产在取食植物的表面，有时覆盖雌性的鳞毛或鳞片。

蛾类幼虫一般5～6龄，多为植食性，主要食叶，以缀叶、卷叶、潜叶、筑巢等方式取食，也能取食花、果实、种子、根和茎等，能够为害粮食、药材、干果、皮毛等储存物，还有腐食性、肉食性，以及取食真菌和蜂蜡的种类。常见的害虫，如松毛虫*Dendrolimus* spp.、舞毒蛾*Lymantria dispar*等重要的林业害虫，以及黏虫*Mythimna separata*、三化螟*Scirpophaga incertulas*、亚洲玉米螟*Ostrinia furnacalis*、小地老虎*Agrotis ypsilon*、甜菜夜蛾*Spodoptera exigua*、棉铃虫*Helicoverpa armigera*等重要的农业害虫，为害储粮或衣物的麦蛾*Sitotroga cerealella*、米蛾*Corcyra cephalonica*和衣蛾*Tineola bisselliella*等（图6）。

A．稻纵卷叶野螟 *Cnaphalocrocis medinalis*，草螟科；B．嘴壶夜蛾 *Oraesia emarginata*，目夜蛾科；C．斜纹夜蛾 *Spodoptera litura*，夜蛾科；D．小地老虎 *Agrotis ypsilon*，夜蛾科。

图6 蛾类常见害虫

蛾类也有不少是重要的资源昆虫，如家蚕*Bombyx mori*、柞蚕*Antheraea pernyi*、天蚕*Antheraea yamanai*等均为重要的产丝昆虫，是人类最早培养和利用的资源昆虫之一，在纺织行业和经济发展过程中做出过重要贡献。虫草蝠蛾*Hepialus armoricanus*是冬虫夏草的主要寄主，属于重要的药用昆虫。在食用昆虫中，蛾类也是一个重要的类群，如家蚕蛹和柞蚕蛹均属于常见的食用昆虫，虫茶、竹虫等均属于蛾类食用产品。此外，也有不少蛾类具有艳丽的色彩和优美的姿态，观赏价值很高，如非洲多尾燕蛾*Chrysiridia rhipheus*色彩华丽，翅面五彩缤纷，通常被认为是蛾类中最美丽的种类；大燕蛾*Lyssa zampa*和大蚕蛾科Saturniidae、箩纹蛾科Brahmaeidae物种都属于大型美丽的观赏蛾类；斑蛾科Zygaenidae蛾类色彩斑斓，属于日出性的美丽蛾类（图7）。

A．长尾尺蛾 *Ourapteryx clara*，尺蛾科；B．虎纹拟长翅尺蛾 *Epobeidia tigrata*，尺蛾科；C．白斑翅野螟 *Bocchoris inspersalis*，草螟科；D．大燕蛾 *Lyssa zampa*，燕蛾科。

图7　具有观赏价值的蛾类

蛾类分布广泛，种群数量大，几乎所有大陆均有分布，在食物链中处于初级消费者的位置，在生态系统中发挥着重要的生态功能。为农作物及野生植物提供传粉服务是蛾类昆虫重要的生态功能之一，在多种生态体系中（如热带雨林、热带草原、温带针叶林、草地，以及海洋岛屿等）蛾类都是重要的夜行性传粉者，主要为浅色或倒悬的花传粉。经过调查研究发现，访花蛾类多为中、大型蛾类，依据杨晓飞等（2018）的统计，目前记载的夜行性传粉蛾类物种有15总科29科596种，最常见的是夜蛾科和尺蛾科，尤其在热带最为常见，从夜晚开花的高大乔木、水生植物到草丛小花都有传粉，能够为75科植物（主要隶属于石竹目、杜鹃花目、龙胆目、唇形目等双子叶植物及棕榈科植物）授粉。由于受夜间调查的限制，蛾类的传粉研究还远远不足以表明它们在自然界中的实际传粉贡献。

五、蛾类多样性与环境变化

蛾类物种丰富，是生态系统中生物多样性的重要组成部分，随着现代科学技术手段的运用，对蛾类物种多样性及遗传多样性研究进一步提高，而且蛾类许多隐存种被发现。蛾类物种丰富度与植物物种丰富度相关，森林管理实践说明保留早期草本植被多样性将极大地保护蛾类物种多样性。目前，有很多蛾类多样性与栖息地环境之间联系的研究主要集中在不同林型、生态系统的不同演替时期，以及不同程度的人为干扰等方面，比如林间空地和截伐林地均导致蛾类多样性降低；雨林的演替晚期，灯蛾科物种多样性要高于早期演替林和成熟林；人类活动干扰对于不同地区、不同林型的不同蛾类的影响存在较大差异：澳大利亚雨林的毒蛾科和尺蛾科的个体数随着人为干扰强度升高而降低，而灯蛾科、夜蛾科和螟蛾科的个体数会升高；在井冈山的常绿落叶阔叶混交林中，严重的人为干扰导致蛾类科数明显降低，物种数和个体数呈现出随着人为干扰加强而降低的趋势，轻度和中度干扰导致螟蛾科和天蛾科的物种数和个体数升高。此外，蛾类昆虫对海拔差异在温带区域更为敏感，其次是亚热带和热带区域，且未来可以用作应对气候变化的指标。以上研究发现，蛾类昆虫对生境的变化敏感，可以作为生物多样性及栖息地环境质量的指示生物，探讨蛾类多样性变化对生境的响应，为生物多样性保护和蛾类多样性保护提供依据。澳门蛾类丰富度与丰度明显受到人为干扰的影响，澳门半岛城市化程度高，蛾类种类和数量最少；路环岛城市化程度较低，保留了一定的自然植被，蛾类种类和数量最多；氹仔人为干扰介于上述两地之间，蛾类多样性也介于两地之间。

第三章

澳门蛾类分类与鉴定

一、刺蛾科 Limacodidae

幼虫身体大都生有枝刺和毒毛，触及皮肤会发生红肿，异常痛辣，俗称“痒辣子”“火辣子”或“刺毛虫”，故中文名为刺蛾。成虫体型中等大小；身体和前翅密生茸毛和厚鳞；大多黄褐色或暗灰色，间有绿色或红色，少数底色洁白具斑纹。口器退化；下唇须通常短小；雄性触角一般为双栉状，雌性触角为线状。翅较短，阔而圆。幼虫常在石灰质茧内化蛹。幼虫是森林、园林、果园和多种经济作物的常见害虫。

1. 波眉刺蛾

Quasinarosa corusca Wileman, 1911

寄　　主 | 茶、桐。

生活习性 | 幼虫为害叶片，可将寄主叶片取食至半透明状。

形态特征 | 翅展20～24毫米。

体浅黄色，背面掺杂红褐色。前翅浅黄色，布满红褐色斑点，其中央处斑点较大呈不规则弯曲，沿中央大斑外缘具1条浅黄白色外线，外线内侧具小黑点，端线由1列小黑点组成。后翅浅黄色，端线略显暗褐色。

幼虫龟形，老熟幼虫黄绿色。周缘半透明，亚背线具黄色和蓝色斑点，光滑，不具枝刺。

分　　布 | 澳门、陕西、江西、湖南、福建、台湾、广东、广西、四川、贵州、云南；日本。

采集记录 | 路环。

2. 灰斜纹刺蛾

Oxyplax pallivitta (Moore, 1877)

别　　名｜赭刺蛾。

寄　　主｜下田菊、黑面神、槟榔、油棕、榕树、柑橘、茶、杂草、玉米等。

生活习性｜主要分布于低海拔山区。

形态特征｜翅展18～24毫米，雌性通常比雄性大。
体、翅赭褐色，体形宽短。雄性触角双栉状，雌性触角丝状。前翅被1条从顶角至后缘中部的白色斜线分开，上部铁锈色，中部有模糊的暗色斜行条斑，下部赭色。后翅呈均匀的浅赭色，无斜纹。

分　　布｜澳门、山东、河南、江苏、安徽、浙江、福建、台湾、广东、海南、香港、广西、四川、云南；日本、泰国、马来西亚、印度尼西亚、美国（夏威夷）。

采集记录｜路环。

3. 扁刺蛾

Thosea sinensis (Walker, 1855)

寄　　主｜杏、樱桃、枇杷、柿、核桃、梧桐、油桐、喜树、乌桕、刀豆、枫杨、白杨、茶、蓖麻等林木和果树。

生活习性｜分布广泛，食性杂，可造成严重危害。

形态特征｜雄性翅展26～34毫米，雌性翅展30～39毫米。

体灰褐色。前翅褐灰色至浅灰色，横脉纹为1个暗褐色圆点，内半部和外线以外带黄褐色并稍具黑色点；外线暗褐色明显，从前缘近顶角处向后斜伸至后缘2/3处，后端向内倾斜。后翅各翅脉暗灰色到黄褐色。

分　　布｜澳门、辽宁、北京、河北、山东、河南、陕西、甘肃、江苏、安徽、浙江、湖北、江西、湖南、福建、台湾、广东、海南、香港、广西、四川、贵州、云南；朝鲜、越南、印度、印度尼西亚。

采集记录｜氹仔、路环。

二、斑蛾科 Zygaenidae

体小至中型。成虫常颜色鲜艳，多为日行性。翅宽大，体狭长。口器发达，喙及下唇须伸出；下颚须退化；毛隆大；触角为简单丝状或棍棒状，雄性多为栉齿状。翅多数有金属光泽，少数种类颜色暗淡；有些种类后翅有尾突，形如蝴蝶后翅；中室内有M脉主干。幼虫身体有毛疣，可为害林木。

4. 蝶形锦斑蛾

Cyclosia papilionaris (Drury, 1773)

别　　名 | 蝶形环锦斑蛾、蝶形斑蛾。

寄　　主 | 茄科、芸香科植物。

生活习性 | 成虫喜在矮树林外开旷地方飞翔，似蝶。

形态特征 | 雄性翅展41毫米左右，雌性翅展57毫米左右。

雌雄异型，紫褐色，双翅布满淡黄色斑纹。雄性体黑绿色，无闪光，有时后半部略呈黄白色；前翅紫褐色，中室外侧有1条白色斜带；后翅顶端褐色，基部稍绿，中室外侧有3～4个白斑，有时中室内和翅的后半部略带黄白色。雌性体蓝黑色，胸部有白斑，腹部有白环带；翅白色略带淡黄色，前翅前缘带蓝色；前、后翅的翅脉呈紫黑色带状，亚外缘带和外缘带蓝黑色。

分　　布 | 澳门、广东、海南、香港、广西、云南；越南、老挝、柬埔寨、泰国、印度、缅甸、菲律宾、马来西亚、印度尼西亚。

采集记录 | 路环。

雌性

5. 野茶带锦斑蛾

Pidorus glaucopis (Drury, 1773)

寄　　主 | 野茶、茗茶、桧柏、梧桐。

生活习性 | 成虫主要生活在低海拔山区，好访花吸蜜，夜晚偶有趋光性。通常幼虫为害茶树叶片。亚种桧斑蛾或桧带锦斑蛾幼虫为害桧柏及梧桐叶片。

形态特征 | 翅展49～54毫米。

体黑褐色；腹部稍蓝；头顶鲜红色。触角粗大，翅宽阔。翅黑褐色，前翅有1条白色宽斜带。

分　　布 | 澳门、台湾、广东、海南、广西、云南；朝鲜、日本、越南、老挝、柬埔寨、泰国、印度、尼泊尔、斯里兰卡、马来西亚。

采集记录 | 氹仔、路环。

6. 条纹小斑蛾

Thyrassia penangae (Moore, 1859)

别　　名｜乌蔹莓鹿蛾。

寄　　主｜乌蔹莓。

生活习性｜羽化时间多集中在7:00—10:00，交配时间集中在15:00—18:00，一年多代，以老熟幼虫结茧越冬。幼虫取食乌蔹莓的嫩叶、幼枝、花、果，并造成危害。

形态特征｜翅展21～25毫米。

小型斑蛾。触角双栉齿状，黑色，近端部有时腹面带浅黄色。头部与胸部黑色，颈板黄色，后胸有椭圆形黄斑。腹部黄色，背面有5～6条黑色横纹。前翅黑色，基部具向外放射状的黄色纵纹；中部有2个透明斑，近端部有1个透明斑，这些斑的周缘和斑内翅脉上散布黄色鳞片。后翅明显较前翅小，翅基部黄色，翅外缘黑色。

分　　布｜澳门、江苏、湖北、江西、福建、广东、香港；印度、马来西亚、新加坡、印度尼西亚、孟加拉国。

采集记录｜澳门。

7. 鹿斑蛾

Trypanophora semihyalina Kollar, 1844

别　　名｜网锦斑蛾。
寄　　主｜毛苍、榄仁、小果柿、石梓、茶树等。
生活习性｜食性杂。对茶树造成严重危害。
形态特征｜翅展33～35毫米。
体黑色，有光泽；腹部具成对的黄色斑块。翅黑色密布大小不一的透明翅室；前翅以中央1个长条状透明翅室最大。后翅前缘基部有白色斑块；近端部处有1个浅黄色椭圆形斑。
分　　布｜澳门、广东、香港；日本、印度。
采集记录｜路环。

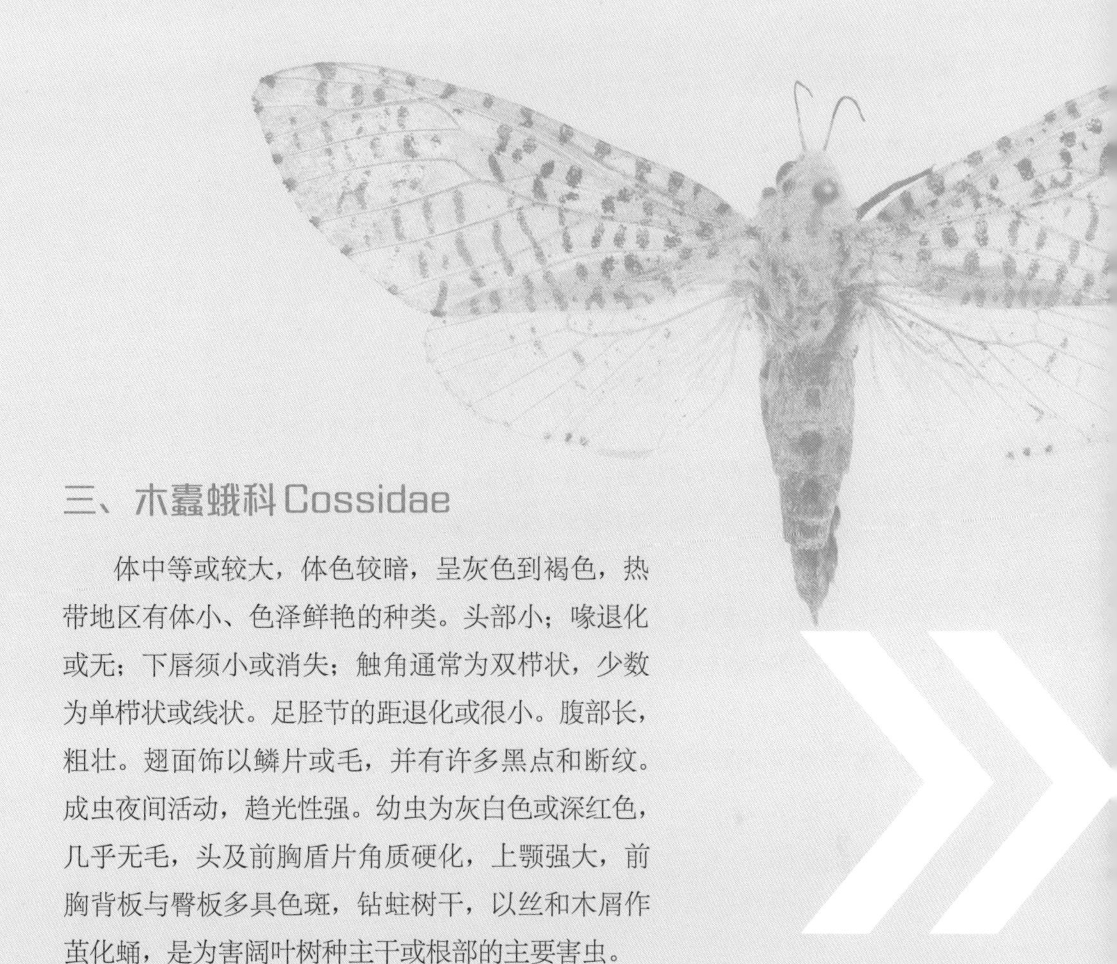

三、木蠹蛾科 Cossidae

体中等或较大，体色较暗，呈灰色到褐色，热带地区有体小、色泽鲜艳的种类。头部小；喙退化或无；下唇须小或消失；触角通常为双栉状，少数为单栉状或线状。足胫节的距退化或很小。腹部长，粗壮。翅面饰以鳞片或毛，并有许多黑点和断纹。成虫夜间活动，趋光性强。幼虫为灰白色或深红色，几乎无毛，头及前胸盾片角质硬化，上颚强大，前胸背板与臀板多具色斑，钻蛀树干，以丝和木屑作茧化蛹，是为害阔叶树种主干或根部的主要害虫。

8. 咖啡豹蠹蛾

Polyphagozerra coffeae (Nietner, 1861)

别　　名｜咖啡木蠹蛾、截干虫等。

寄　　主｜已知25科80多种，包括梨、苹果、樱桃、桃、荔枝、龙眼、核桃、石榴、番石榴、柿、柑橘、棉、香椿、白蜡树、咖啡、加拿大杨、山茶、黄杨、杜仲、玉米等。

生活习性｜取食心材，破坏严重。成虫羽化多在18:00以后，产卵多在夜间，单粒散产在树皮缝、伤口等处。

形态特征｜雄性翅展40.5～68毫米，雌性翅展43～61毫米。

体、翅白色，鳞毛蓬松。雄性触角基半部双栉状，栉齿长、黑色。胸部背面有6个黑色斑点。腹部有黑色横纹。前翅密布黑色斑点，基部斑点较大，前缘、外缘、后缘及中室的斑较短圆，其余较细长。后翅斑纹较前翅稀疏，臀角至2A脉处无斑纹。

分　　布｜澳门、辽宁、河南、陕西、上海、浙江、湖北、江西、广西、四川、贵州、云南；日本、印度、缅甸、孟加拉国。

采集记录｜氹仔。

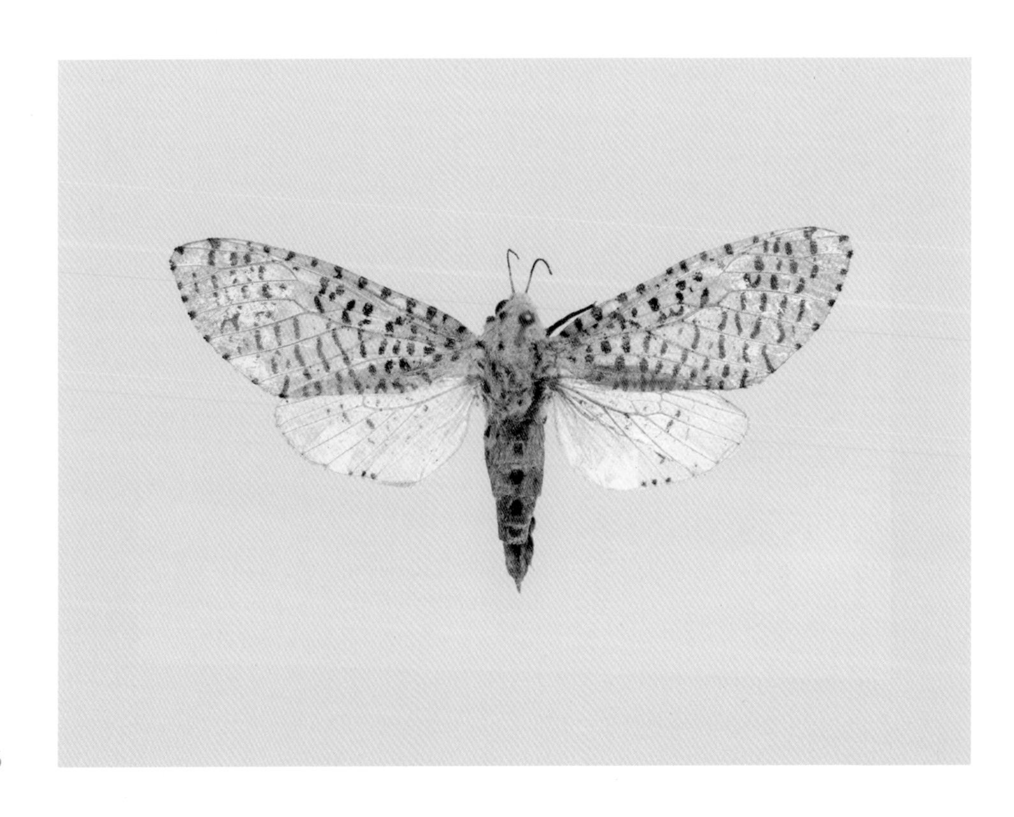

四、小潜蛾科 Elachistidae

体小至中型，日出性或夜出性。下唇须上举或下垂。翅狭窄，白色、灰色或黑色，翅面常具有暗色斑点。腹部背板无刺。有的幼虫潜叶，有的蛀茎。其中草蛾亚科幼虫多取食紫草科植物。

9. 点带草蛾

Ethmia lineatonotella (Moore, 1867)

生活习性 | 主要分布于中、高海拔山区。

形态特征 | 翅展40～47毫米。

头、胸部及前翅淡黄色，头部和胸部有点状黑斑。足浅黄色或橘黄色，有黑色环斑。腹部橘黄色。前翅近前缘中部为4条近似平行的黑色纵带，基部具1个条斑和几个斑点，端部有点状黑斑；外缘是1列点状斑。后翅褐色，基部有浅黄色或橘黄色长毛。前、后翅缘毛淡黄色。

分　　布 | 澳门及华东、西南等地；越南、印度、缅甸、不丹。

采集记录 | 路环。

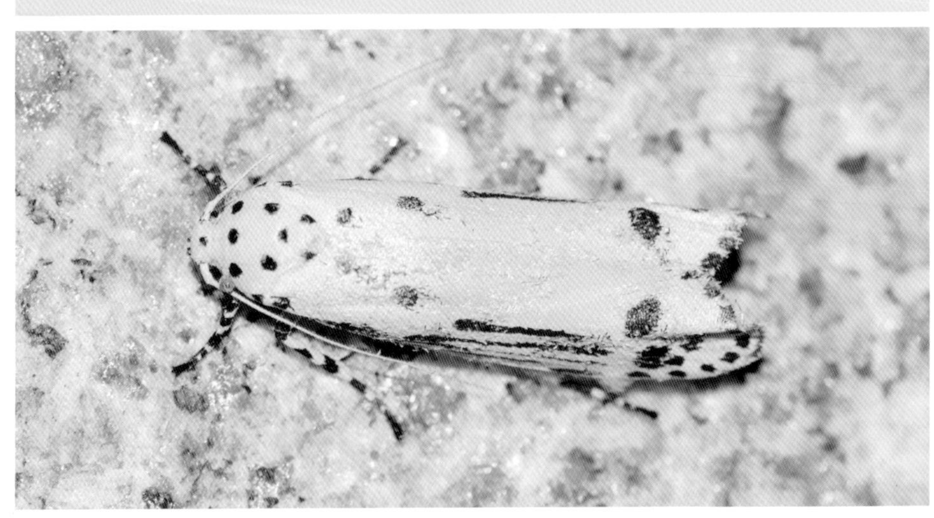

五、羽蛾科 Pterophoridae

羽蛾科为鳞翅目中体型相对较小的类群，该类昆虫不善飞，夜间活动，白天常隐藏在寄主周围。它们休息时前、后翅卷褶，与身体垂直，呈“T”形。羽蛾成虫前翅通常分裂为2叶，后翅分裂为3叶，似羽毛状，故称之为羽蛾；少数种类前、后翅均不开裂，极少数种类前翅开裂为3～4叶。其寄主植物多为花卉、药材、农作物和果树，幼虫缀叶、潜叶、蛀茎、蛀花、蛀果或种子，一些种类可对植物造成严重危害。

10. 小指脉羽蛾

Adaina microdactyla (Hübner, [1813])

寄　　主｜大麻叶泽兰、一枝黄花等菊科及十字花科植物。

生活习性｜分布于低海拔山区。

形态特征｜翅展11～14毫米。

头部、前额灰黄色至黄白色。胸部黄褐色，翅基片黄白色。腹部常为黄褐色，透明。前翅灰黄色至黄白色，散布黄褐色或褐色斑点；前翅在3/5处开裂，裂口基部具1个小斑点；第1裂叶后缘1/5处和2/3处各具1个斑点，端部黄褐色或褐色。后翅黄白色，裂叶尖细。

分　　布｜澳门、陕西、安徽、江西、湖南、福建、台湾、广东、广西、云南、西藏；日本、韩国、越南、尼泊尔、菲律宾、印度尼西亚、伊朗、土耳其、以色列、挪威、瑞典、芬兰、丹麦、格鲁吉亚、立陶宛、拉脱维亚、俄罗斯、德国、波兰、捷克、斯洛伐克、匈牙利、英国、爱尔兰、法国、荷兰、比利时、卢森堡、西班牙、葡萄牙、瑞士、奥地利、意大利、马耳他、摩洛哥、罗马尼亚、保加利亚、斯洛文尼亚、克罗地亚、希腊、巴布亚新几内亚、所罗门群岛。

采集记录｜澳门半岛。

11. 乌蔹莓日羽蛾

Nippoptilia cinctipedalis (Walker, 1864)

寄　　主｜乌蔹莓。

生活习性｜分布于低海拔山区，白天活动。

形态特征｜翅展8.5～12毫米。

头部灰褐色夹杂灰白色。前胸黄褐色，中、后胸灰褐色。腹部黄褐色。前翅从4/7处开裂；翅面黄褐色至赭褐色，第1裂叶从裂口向顶角逐渐加深为暗褐色，1/3处具1个灰褐色斑，2/3处具1个黄褐色斑，第2裂叶从基部向端部由灰黄色逐渐变为黄褐色。后翅分别于1/5和基部开裂；3裂叶均为线形；第1、第2裂叶未开裂部分深灰色，两裂叶黄褐色，第3裂叶灰黄色，从基部至端部灰褐色渐多，亚端部具1小簇褐色鳞齿。

分　　布｜澳门、江苏、上海、安徽、浙江、湖北、江西、湖南、香港；朝鲜、日本、越南、澳大利亚。

采集记录｜澳门。

六、螟蛾科 Pyralidae

螟蛾科隶属于螟蛾总科。螟蛾总科种类繁多，呈世界性分布。成虫体型小至中型，以小型居多，很少大型种类；身体多数纤细，少数粗壮；被鳞片细密。头部头顶常有竖立鳞片；触角细长，丝状；下唇须前伸或上举；喙发达，基部有鳞片，少数退化或消失。前翅多为长三角形，前缘较直；后翅多为宽三角形；翅面斑纹常有中室圆斑、中室端脉斑、前中线、后中线和亚外缘线。足细长。腹部基部腹面有鼓膜器。幼虫多是农、林、牧业的重要害虫，取食粮食、蔬菜、果树、森林植物、中草药等，也为害仓库、货栈、商店和家庭中的多种贮藏物。

螟蛾科与草螟科的主要区别在于螟蛾科的鼓膜室几乎完全闭合，节间膜和鼓膜在同一平面上，无听器尖突。

（一）丛螟亚科 Epipaschiinae

12. 缀叶丛螟

Locastra muscosalis (Walker, 1866)

寄　　主｜核桃、黄连木、胡桃楸、板栗、香椿、黄栌、火炬树等。

生活习性｜幼虫群居，吐丝缀合小枝成巢。

形态特征｜翅展20～34毫米。

头、胸、腹部红褐色。前翅栗褐色，翅基黑褐色，近前缘处有1个小白斑；前中线锯齿形，深褐色，内侧伴随黄白线；中室内有1丛深黑褐色鳞片；后中线弯曲如波纹，黑褐色，外侧伴随黄白线；前、后中线之间栗褐色，散布黑褐色鳞片；缘毛黄褐色和黑褐色相间。后翅暗褐色，向外缘颜色渐深；缘毛与前翅相似。

分　　布｜澳门、北京、河北、山东、河南、江苏、安徽、浙江、湖北、江西、湖南、福建、台湾、广东、香港、广西、四川、贵州、云南；日本、印度、斯里兰卡。

采集记录｜澳门。

13. 橄绿瘤丛螟

Orthaga olivacea (Warren, 1891)

别　　名｜樟巢螟、樟丛螟、樟叶瘤丛螟等。

寄　　主｜樟树、山胡椒、乌药等樟科植物，厚朴、玉兰等木兰科植物。

生活习性｜常缀叶呈鸟巢状，群集取食为害。我国华东、华南、华中等地的重要林业害虫。

形态特征｜翅展21～28毫米。

与栗叶瘤丛螟*Orthaga achatina* (Butler, 1878)经常混淆。头部淡褐色。胸部背面为淡褐色、黄绿色、红褐色鳞片混杂。腹部黄褐色，散布有红褐色鳞片。胸、腹部腹面白色，杂有褐色鳞片。足淡褐色。前翅暗褐色，有黄绿色、红褐色鳞片，翅基黄绿色；前中线黄绿色；后中线黄绿色，锯齿状，中部向外弯曲；前缘中部有1个长条形瘤突；中室端部及下部有黑色鳞丛；外缘CuA_1脉至M_2脉间有1条黄绿色斑纹；翅外缘有黑色斑列。后翅暗褐色。前、后翅缘毛淡黄色，沿翅脉方向呈黑褐色。

分　　布｜澳门、北京、河北、河南、陕西、江苏、安徽、浙江、湖北、江西、湖南、福建、台湾、广东、海南、广西、四川、贵州、云南；朝鲜、日本、印度、马来西亚。

采集记录｜氹仔。

（二）斑螟亚科 Phycitinae

14. 豆荚斑螟

Etiella zinckenella (Treitschke, 1832)

寄　　主 | 大豆、豌豆、绿豆、豇豆、扁豆、菜豆、刺槐、苦参等豆科作物。

形态特征 | 翅展16～24毫米。

头顶黄褐色；胸、领片、翅基片黄褐色或淡黄色；腹部各节基部黑褐色，端部黄色。前翅黑褐色与黄褐色鳞片混杂，近翅基色泽较暗；前缘中部至顶角具1条黑褐色纵条带，紧邻该条带具1条白色纵条带；前中线处有1个新月形金黄色斑；后中线隐约可见，细锯齿状，与外缘平行；外缘线灰色；缘毛灰褐色。后翅淡灰褐色，外缘、顶角及翅脉褐色；缘毛基部灰褐色，端部灰白色。

分　　布 | 世界性分布。

采集记录 | 澳门。

15. 异色瓜斑螟

Piesmopoda semilutea (Walker, 1863)

寄　　主 | 罗浮买麻藤。

生活习性 | 幼虫在买麻藤科植物种子内为害。

形态特征 | 翅展18毫米。

体棕色。前翅各线及斑不明显，翅面基半部黄色，前缘红褐色略带白色，端半部红褐色至棕褐色渐深，亚外缘线褐色，外缘线灰白色，锯齿状；缘毛红褐色。后翅淡灰褐色，无斑纹；缘毛颜色稍深，基部有深色线。

分　　布 | 澳门、广东、香港、云南；越南、泰国、尼泊尔、马来西亚、新加坡、印度尼西亚。

采集记录 | 氹仔、路环。

（三）螟蛾亚科 Pyralinae

16. 黑脉厚须螟

Arctioblepsis rubida Felder *et* Felder, 1862

寄　　主｜樟树、红叶石楠等。

生活习性｜幼虫取食树木叶片，特别是嫩梢。以老熟幼虫在地表枯枝落叶层或表土层内越冬。

形态特征｜翅展38～48毫米。

虫体深红色。头部金黄色，下唇须、腹部及足黑色。前翅深红色，翅脉密布黑色纵纹，不达基部。后翅深红色，翅脉无黑纹。

分　　布｜澳门、河南、浙江、湖北、江西、湖南、福建、台湾、广东、海南、香港、广西、四川、云南；印度、斯里兰卡、孟加拉国。

采集记录｜路环。

17. 盐肤木黑条螟

Arippara indicator Walker, 1863

别　　名 | 盐肤木黑条枹螟。

寄　　主 | 盐肤木、漆树等。

生活习性 | 分布于低、中海拔山区。

形态特征 | 翅展23～29毫米。

头部黄褐色。体、翅棕褐色。前翅有2条灰白色中线，前中线稍直；中室端脉斑黑褐色，椭圆形；后中线灰白色，略呈弧形；各横线内侧和外侧具暗色影状边线；前、后中线之间的翅面有时色浅。后翅色浅；后中线灰白色，与外缘近似平行。前、后翅缘毛黑褐色。

分　　布 | 澳门、河北、江西、福建、台湾、海南；朝鲜、日本、印度、印度尼西亚。

采集记录 | 氹仔、路环。

18. 赤双纹螟

Herculia pelasgalis (Walker, 1859)

别　　名 | 赤巢螟。

寄　　主 | 茶树、栎树。

形态特征 | 翅展18～29毫米。

头、胸、腹部背面红褐色，腹面淡褐色。双翅红褐色。前翅散布黑色鳞片，前缘中部具1列黄色斑点；前、后中线淡黄色，前中线外侧及后中线内侧具暗褐色边，前、后中线前缘各具1个黄色斑点；中室具1个褐色斑点。后翅浅红褐色；前、后中线具暗褐色边，且二者之间颜色稍深。前、后翅缘毛黄色，基部红褐色。

分　　布 | 澳门、北京、河北、山东、河南、陕西、江苏、浙江、湖北、湖南、福建、台湾、广东、海南、广西、四川、贵州、西藏；朝鲜、日本；欧洲。

采集记录 | 路环。

19. 黄白直纹螟

Hypsopygia nonusalis (Walker, 1859)

形态特征 | 翅展18～19毫米。

体和前翅黄褐色。前翅前缘深黄色，略带红褐色；前中线黄白色，弧形；后中线黄白色，直；缘毛黄褐色，基部有浅黄线。后翅前中线黄白色，略呈弧形；后中线黄白色，中部有小凸起，近臀角处圆；缘毛深褐色，基部有浅黄线。

分　　布 | 澳门、台湾；印度、斯里兰卡、马来西亚、印度尼西亚。

采集记录 | 氹仔、路环。

20. 双直纹螟

Hypsopygia repetita (Butler, 1887)

生活习性｜分布于低、中海拔山区。

形态特征｜翅展19～23毫米。

头部黄褐色。体、翅灰褐色。前翅前缘带黄褐色；前中线黑褐色，略呈弧形；中室端脉斑黑褐色，点状，有时不明显；后中线黑褐色，略直。后翅中线和后中线黑褐色，略呈弧形。前、后翅缘毛黑褐色。

分　　布｜澳门、湖北、广东、海南、广西、云南；日本、印度尼西亚、所罗门群岛、澳大利亚。

采集记录｜路环。

21. 榄绿歧角螟

Endotricha olivacealis (Bremer, 1864)

生活习性｜分布于中海拔地区。

形态特征｜翅展17～23毫米。

头部褐色；下唇须红褐色，内侧淡黄色。胸部背面橄榄黄色或红褐色。腹部红褐色。足黄褐色。前翅基域及外缘红褐色；中域及前缘橄榄黄色，散布有红色鳞片；翅前缘有黄、黑相间的斑列；中室端脉斑黑褐色，新月形；前中线黄色，向内环弯；后中线淡黄色，内侧有黑色镶边，略呈锯齿状，与外缘平行；外缘线为黑色斑列；缘毛暗红色，顶角下及后角处缘毛黄色。后翅基域和外域红褐色，中部色淡；中线黄色；后中线红褐色有黑色镶边，外缘线为黑色斑列；缘毛浅黄色，基部有红褐色线或斑。

分　　布｜澳门、北京、天津、河北、山东、陕西、甘肃、安徽、浙江、湖北、江西、湖南、福建、台湾、广东、海南、广西、四川、贵州、云南、西藏；俄罗斯、朝鲜、日本、印度、缅甸、尼泊尔、印度尼西亚。

采集记录｜氹仔、路环。

22. 赤褐歧角螟

Endotricha ruminalis (Walker, 1859)

形态特征｜翅展13～17毫米。

头顶和额为灰褐色；触角淡褐色。胸部、翅基片灰褐色。腹部背面灰黄褐色，腹面黄褐色。前翅稍宽，基域和前缘灰褐色，中域靠近后缘处略呈黄白色，外域红褐色并散布有黑色鳞片；前缘有1列黑、白相间的刻点；前中线白色略弯曲；中室端脉斑黑色，点状；后中线白色、纤细、波状，其外缘伴随有黑色斑列；外缘线黑色。后翅红褐色，散布黑色斑点；中线和后中线白色，中线内侧及后中线外侧镶有黑斑，二者之间灰黄色或略带红褐色；外缘线黑色。前、后翅缘毛淡黄色，基半部红褐色。

分　　布｜澳门、台湾；日本、泰国、印度、缅甸、斯里兰卡、马来西亚。

采集记录｜氹仔、路环。

七、草螟科 Crambidae

草螟科隶属于螟蛾总科。外部形态特征和螟蛾科相似，与螟蛾科的主要区别在于前翅R_5脉独立；鼓膜室开放，节间膜和鼓膜不在同一平面，形成明显的角度，具有发达的听器尖突。

（一）水螟亚科 Nymphulinae

23. 小筒水螟

Parapoynx diminutalis Snellen, 1880

寄　　主 | 水鳖、水蕴草。

形态特征 | 雄性翅展14～16.5毫米，雌性翅展15.5～20毫米。

体、翅黄白色杂有褐色鳞片；腹部大部分草黄色带灰色调，杂有褐色鳞片，各节后缘有黄白色横带。前翅窄，亚基线和中线分别为1个模糊的褐色斜斑，不达前缘；中室端脉斑在中室前后角形成2个黑褐色斑；后中带和亚外缘带呈波状弯折，草黄色或土褐色；外缘线黑褐色，纤细；外缘草黄色；缘毛浅褐色，基部白色具黑点。后翅前中线黑褐色；中室端脉斑椭圆形，黑褐色；后中线纤细，向后渐宽；亚外缘带、外缘线，以及翅外缘、缘毛与前翅相似。

分　　布 | 澳门、天津、山东、河南、陕西、上海、浙江、湖南、台湾、广东、四川、贵州、云南；印度、斯里兰卡、菲律宾、马来西亚、印度尼西亚；非洲。

采集记录 | 氹仔。

（二）草螟亚科 Crambinae

24. 稻巢草螟

Ancylolomia japonica Zeller, 1877

寄　　主 | 水稻。

生活习性 | 幼虫卷稻叶吐丝造筒状巢隐居巢内，夜间爬出咬断稻茎拖进巢内，取食一半又弃旧叶取新叶。

形态特征 | 翅展18～40毫米。

头、胸部黄褐色；腹部灰白色掺杂淡褐色。前翅灰黄色，沿翅脉有黑点排列成线；翅脉间有淡褐色纵纹；亚外缘线双线、锯齿状，内侧淡褐色，外侧银白色；外缘线深褐色，前缘有1个深褐色斑点，后端1/3处外弯成角且有2个深褐色斑点；缘毛基部暗褐色，边缘淡褐色。后翅灰白色至淡褐色，无斑纹；缘毛白色。

分　　布 | 澳门、黑龙江、辽宁、北京、天津、河北、山东、河南、陕西、甘肃、江苏、上海、安徽、浙江、湖北、江西、湖南、福建、台湾、广东、海南、广西、四川、贵州、云南、西藏；朝鲜、日本、泰国、印度、缅甸、斯里兰卡、南非。

采集记录 | 路环。

25. 二化螟

Chilo suppressalis (Walker, 1863)

寄　　主｜水稻、玉米、小麦、甘蔗、高粱等多种粮食作物和白菜、甘蓝、油菜等多种蔬菜。

生活习性｜水稻的重要害虫之一，蛀食水稻茎部。

形态特征｜翅展18～32毫米。

体、翅棕褐色。下唇须长，腹侧污白色，背侧黑褐色。前翅前缘略拱凸，翅面散布稀疏的黑色鳞片；后中线黑褐色，与外缘近似平行；外缘线为黑褐色斑列；缘毛浅褐色。后翅白色，外缘稍暗；缘毛灰白色。

分　　布｜澳门、黑龙江、辽宁、天津、河北、山东、陕西、江苏、安徽、浙江、湖北、江西、湖南、福建、台湾、广东、广西、四川、贵州、云南；朝鲜、日本、印度、缅甸、菲律宾、斯里兰卡、马来西亚、印度尼西亚、埃及、西班牙。

采集记录｜氹仔。

26. 双纹白草螟

Pseudocatharylla duplicella (Hampson, 1896)

形态特征 | 翅展14～17毫米。

头部灰白色或淡褐色；下唇须长，浅褐色。体背灰白色或浅褐色。前翅前缘略拱凸；翅面白色或浅灰褐色；中线黑褐色，呈倒置的"L"形，从前缘中部伸至后缘基部1/3处；后中线黑褐色，双纹状，明显外凸；中线和后中线上有时具明显的黑褐色斑点；外缘线黑褐色；缘毛白色或灰褐色。后翅白色至浅褐色，外缘略带灰褐色；缘毛白色。

分　　布 | 澳门、江苏、浙江、台湾；日本、泰国、缅甸、斯里兰卡、马来西亚、印度尼西亚。

采集记录 | 氹仔、路环。

（三）禾螟亚科 Schoenobiinae

27. 红尾白螟

Scirpophaga excerptalis (Walker, 1863)

别　　名｜红尾蛀禾螟。

寄　　主｜甘蔗。

形态特征｜雄性翅展20～24毫米，雌性翅展21～30毫米。
体纯白色有光泽。下唇须较长。雌雄性头部及前胸均覆盖较长的茸毛。雌性腹部肥大，尾毛橙红色；雄性腹部较细长，尾部和腹背为橙黄色。前翅长而顶角尖。

分　　布｜澳门、江西、湖南、台湾、广东、海南、广西、四川、贵州、云南；日本、越南、泰国、印度、尼泊尔、菲律宾、马来西亚、新加坡、孟加拉国、巴基斯坦、东帝汶、印度尼西亚（爪哇岛、松巴岛、布鲁岛、阿多纳拉岛）、澳大利亚、巴布亚新几内亚、所罗门群岛等。

采集记录｜氹仔、路环。

28. 三化螟

Scirpophaga incertulas (Walker, 1863)

寄　　主｜水稻。

形态特征｜雄性翅展18～22毫米，雌性翅展23～27毫米。

雌雄异型。雌性体白色至淡黄色；前翅淡黄色，中室端部有1个较大的黑色斑点，外缘和缘毛淡黄色；后翅白色，外缘黄白色，缘毛白色至淡黄色。雄性体色灰黄色；前翅赭黄色，中室端部有1个黑色小斑点，自顶角向下斜伸有1条深褐色斜线，外缘有1列黑色斑点，缘毛灰褐色；后翅灰黄色。

分　　布｜澳门、河北、山东、河南、陕西、江苏、上海、安徽、浙江、湖北、江西、湖南、福建、台湾、广东、海南、香港、广西、四川、贵州、云南；日本、越南、泰国、印度、缅甸、尼泊尔、斯里兰卡、菲律宾、马来西亚、新加坡、印度尼西亚、阿富汗、孟加拉国。

采集记录｜氹仔。

雌性

雄性

（四）毛螟亚科 Glaphyriinae

29. 双纹须毛螟

Trichophysetis cretacea (Butler, 1879)

别　　名｜花蕾螟、茉莉蕾螟、双纹须歧角螟、花钻心虫。

寄　　主｜茉莉花、齿叶冬青。

生活习性｜世代重叠明显，成虫集中在清晨和傍晚羽化。幼虫可蛀食茉莉花的嫩枝、嫩芽、花蕾、花瓣。

形态特征｜翅展12～16毫米。

体白色带淡褐色，头前部有1条黑色鳞毛横带。翅乳白色。前翅基线模糊；前中线双线状，浅褐色；中室端具白色新月形斑，具褐色环；后中线双线状，褐色；外缘前半部有白斑。后翅的前、后中线近似平行，双线状，前半部纤细，茶褐色，后半部加粗，黑褐色。前、后翅缘毛乳白色。

分　　布｜澳门、黑龙江、北京、山东、江苏、浙江、湖北、福建、广东、海南、广西、四川、云南；日本、俄罗斯、澳大利亚。

采集记录｜氹仔。

（五）齿螟亚科 Odontiinae

30. 深红齿螟

Hemiscopis sanguinea Bänziger, 1987

生活习性 | 分布于低海拔地区。雄性被观察到吸吮人的皮肤汗液及大象的眼泪。

形态特征 | 翅展17～22毫米。

头部灰褐色，稍带红褐色鳞片，额两侧的白色条纹明显；下唇须长。前翅红褐色，至外缘颜色较深；中线和后中线深红褐色，略呈弧形弯曲；中室端脉斑深红褐色，外侧具灰白色的斑痕，新月形。后翅灰白色，近外缘中部区域稍染红褐色，后中线也仅在此处可见，深红褐色。前、后翅外缘和缘毛褐色。

分　　布 | 澳门、海南、香港、广西、云南；日本、泰国、马来西亚、印度尼西亚、文莱。

采集记录 | 氹仔、路环。

31. 黑纹黄齿螟

Heortia vitessoides (Moore, 1885)

别　　名｜黄野螟。

寄　　主｜土沉香。

生活习性｜幼虫取食叶片，是我国土沉香种植区的重要害虫。

形态特征｜翅展36～44毫米。
头部淡黄色，触角及下唇须黑色。
胸部黄色，有黑色斑纹。腹部基部淡黄色，其余橘黄色，各节基部有黑色环纹。前翅底色浅硫黄色，翅基部有2个蓝黑色斑点；前中线蓝黑色，窄带状，被中室后缘断开，有时前中线不明显；中线蓝黑色，宽带状，在翅前缘及后缘处略扩展，从前缘直达后缘；翅面端部1/3处布满蓝黑色伸达外缘的横带；缘毛蓝黑色。后翅白色或浅黄色，外缘具黑褐色宽带；缘毛黑褐色。

分　　布｜澳门、广东、海南、香港、广西、云南；日本、泰国、印度、缅甸、斯里兰卡、马来西亚、印度尼西亚、文莱、澳大利亚。

采集记录｜路环。

（六）斑野螟亚科 Spilomelinae

32. 火红环角野螟

Aethaloessa calidalis (Guenée, 1854)

别　　名 | 火红奇野螟、火红奇异野螟。

生活习性 | 白天活动可见，有访花习性，分布于低、中海拔地区。

形态特征 | 翅展18毫米。

体色鲜明，头部、中胸、后胸，以及除第2腹节和腹末3节外的腹部橙红色；身体其余部分和翅面黑褐色或紫褐色。前翅基部、中部和近端部有3个橙红色大斑。后翅基部橙红色，外域呈黑褐色或紫褐色弯曲宽带状。双翅缘毛白色，中部稍带暗褐色。

分　　布 | 澳门、湖南、福建、台湾、广东、海南、广西、贵州、云南；日本、印度、斯里兰卡、缅甸、印度尼西亚。

采集记录 | 澳门。

33. 脂斑翅野螟

Ategumia adipalis (Lederer, 1863)

别　　名 | 脂弱背野螟。

寄　　主 | 落花生、野牡丹。

生活习性 | 幼虫卷叶为害。

形态特征 | 翅展24～25毫米。

头部褐色。胸部浅黄色。腹部黄褐色，各节后缘略有白色夹杂褐色的横带。翅浅黄色。前翅前缘褐色；前中线黑褐色，有时模糊；中室圆斑为黑褐色环斑；中室端脉斑黑褐色，近方形；中室后侧有1个暗褐色斑；后中线弯曲，黑褐色；亚外缘带黑褐色，伸达外缘；缘毛褐色，基部褐、黄色相间。后翅中室端脉斑黑褐色，为椭圆形环斑；后中线、亚外缘带和缘毛与前翅相似。

分　　布 | 澳门、浙江、福建、台湾、广东、西藏；日本、越南、缅甸、印度、印度尼西亚、斯里兰卡、马来西亚、美国（夏威夷）。

采集记录 | 路环。

34. 白斑翅野螟

Bocchoris inspersalis (Zeller, 1852)

寄　　主｜毛竹、刚竹、淡竹。

生活习性｜幼虫吐丝将叶片拉成弧状结网为害。

形态特征｜翅展16～20毫米。

体、翅黑色。头部触角后侧有白斑。胸部腹面白色。腹部各节边缘有1排白鳞，有时扩大为白斑。前翅近基部有1个小白点；中室末端有1个近梯形大白斑；CuA_2脉后侧有1个小白斑；中室外沿R_4脉至M_2脉之间有1个近椭圆形大白斑，斑点上角靠翅前缘有1个小白斑；在靠近翅外缘的M_2、M_3脉间有1～2个小白斑；缘毛黑褐色，翅顶角及后角部位白色。后翅基部和中室外侧各有1个白色大圆斑，其后侧近外缘具1个小白斑，翅臀角附近另有1个白色条斑；缘毛黑褐色，在翅前缘及后缘附近为白色。

分　　布｜澳门、河北、河南、甘肃、江苏、安徽、浙江、湖北、湖南、福建、台湾、广东、海南、香港、广西、四川、贵州、云南；日本、印度、缅甸、不丹、斯里兰卡、印度尼西亚；非洲。

采集记录｜氹仔、路环。

35. 黄翅缀叶野螟

Botyodes diniasalis (Walker, 1859)

寄　　主｜杨、柳等林木。

生活习性｜幼虫喜在嫩叶上吐丝缀叶，卷叶取食叶表面，常造成严重损失。

形态特征｜翅展28～30毫米。

体、翅黄色。头部黄褐色，额两侧有白条斑，触角淡褐色。胸、腹部背面淡黄褐色，腹面白色。翅面斑纹黄褐色。前翅前中线略呈弧形；中室圆斑点状；中室端脉斑为肾形环斑；后中线略呈锯齿状；亚外缘线波状。后翅中室端脉斑新月形；后中线在中室后侧向内折，然后伸达后缘；亚外缘线呈波状弯曲，亚外缘线与外缘之间颜色稍深。前、后翅缘毛黄褐色。

分　　布｜澳门、辽宁、内蒙古、北京、河北、山西、山东、河南、陕西、宁夏、甘肃、江苏、上海、安徽、浙江、湖北、福建、台湾、广东、海南、广西、重庆、四川、贵州、云南；朝鲜、日本、印度、缅甸。

采集记录｜路环。

36. 大黄缀叶野螟

Botyodes principalis Leech, 1889

寄　　主 | 小叶杨、柳树等。

生活习性 | 幼虫卷叶吐丝缀合叶片做巢。

形态特征 | 翅展42～45毫米。

体、翅黄色。头部褐色；触角黄褐色。中足腿节内侧有沟槽及毛簇。前翅前中线浅黑褐色，断开呈点状；中室圆斑浅黑褐色，点状；中室端脉斑浅黑褐色，为肾形环斑；翅外缘具棕褐色宽带，其前端窄且不达顶角，内缘波状且色深；缘毛暗棕褐色。后翅中室前角有浅黑褐色肾形环斑，后角有浅黑褐色斑点；后中线暗灰黑色，前部和后部加粗，中部外凸呈锯齿状；亚外缘线纤细，锯齿状；顶角有棕褐色斑块，内缘色泽稍深；缘毛基部淡黄色，端部灰褐色。

分　　布 | 澳门、陕西、安徽、浙江、湖北、江西、福建、台湾、广东、重庆、四川、贵州、云南、西藏；朝鲜、日本、印度。

采集记录 | 路环。

37. 白点暗野螟

Bradina atopalis (Walker, 1858)

别　　名｜白斑暗水螟。

寄　　主｜水稻。

形态特征｜翅展19～24毫米。

体、翅灰褐色，腹部各节后缘色淡。前翅中室圆斑黑褐色，小点状；中室端脉斑黑褐色，新月形，外侧伴随淡黄色椭圆斑；前中线黑褐色，略直；后中线黑褐色，与外缘近似平行。后翅中室端脉斑黑褐色，短线状；后中线与前翅相似。前、后翅缘毛灰白色，基部黑褐色。

分　　布｜澳门、辽宁、北京、天津、河北、山东、河南、陕西、上海、浙江、湖北、福建、台湾、广东、广西、四川、云南；日本、朝鲜。

采集记录｜澳门半岛、氹仔、路环。

38. 长须曲角野螟

Camptomastix hisbonalis (Walker, 1859)

生活习性 | 分布于低、中海拔地区。

形态特征 | 翅展18～22毫米。

体黑褐色。翅暗赤褐色泛着红棕色调。前翅前中线黑褐色，内侧伴随浅色线；中室圆斑黑褐色，扁圆形；中室端脉斑黑褐色，近方形；两斑之间有黄色方斑；后中线暗褐色，锯齿状，外侧衬淡黄白色边。后翅暗褐色。前、后翅缘毛褐色。

分　　布 | 澳门、天津、山西、山东、河南、浙江、湖北、江西、湖南、福建、台湾、广东、香港、重庆、四川、贵州、云南、西藏；朝鲜、日本、印度、马来西亚。

采集记录 | 氹仔、路环。

39. 圆斑黄缘野螟

Cirrhochrista brizoalis (Walker, 1859)

别　　名｜圆斑黄缘禾螟。

寄　　主｜桑、小叶桑、苹果等。

生活习性｜主要分布于低、中海拔地区。

形态特征｜翅展20～22毫米。

体白色有光泽，胸部背面浅褐色，腹部背面各节中央有宽窄不一的黄褐色横带。翅底色白色有光泽。前翅前缘带黄褐色，向后伸展出3个有深褐色边的三角形黄褐色斑，3个斑在前缘分布均匀；有时基斑向后伸出黄褐色或黑褐色前中线；中斑后侧有时有1个黄褐色环斑；端斑向外缘伸出黄褐色或黑褐色线斑；外缘线深褐色；缘毛黄褐色。后翅外缘线黑褐色，于M_2脉附近向内突起；缘毛黄褐色。

分　　布｜澳门、湖北、台湾、广东、香港、重庆、四川、云南；朝鲜、韩国、日本、印度、印度尼西亚、澳大利亚。

采集记录｜氹仔。

40. 边纵卷叶野螟

Cnaphalocrocis limbalis (Wileman, 1911)

形态特征｜翅展13～14毫米。

体灰褐色。翅面浅黄色，斑纹深褐色。前翅大部分散布褐色鳞片，向后缘渐少；前缘有1列黑色斑点；前中线略呈弧状；中室端脉斑短线状；后中线略呈波状，在CuA_2脉后内折；亚外缘带宽带状，伸达外缘；缘毛灰褐色，基部有黑褐色线。后翅中线伸达臀角；后中线伸达亚外缘带后部；亚外缘带与前翅相似；缘毛灰白色，基部有深色线。

分　　布｜澳门、台湾、贵州；日本。

采集记录｜澳门半岛、氹仔、路环。

41. 稻纵卷叶野螟

Cnaphalocrocis medinalis (Guenée, 1854)

别　　名 | 稻纵卷叶螟、稻纵卷叶虫、稻筒叶螟、卷叶虫等。

寄　　主 | 水稻、大麦、小麦等作物，以及马唐、雀稗、狗尾草等杂草。

生活习性 | 成虫喜欢阴湿植物生长茂密的生境，有强烈的趋光性。幼虫取食水稻，是我国水稻产区的主要害虫之一。

形态特征 | 翅展16～20毫米。

体、翅黄色或灰黄褐色。头部及颈片暗褐色，下唇须下侧白色。腹部有白色及暗褐色环纹，腹部末端有成束的黑白色鳞毛。翅面斑纹黑褐色。前翅前缘及外缘有暗褐色宽带；雄性前翅前缘中部有凹坑，内有黑褐色鳞片簇；前中线略直；中室端脉斑新月形；后中线略呈波状。后翅外缘有暗褐色带；中室后角有不明显斑纹；后中线略呈弧形，伸达翅的臀角。前、后翅外缘黑褐色；缘毛黑褐色，端半部浅黄色。

分　　布 | 澳门、黑龙江、吉林、辽宁、内蒙古、北京、天津、河北、山西、山东、河南、陕西、江苏、安徽、浙江、湖北、江西、湖南、福建、台湾、广东、香港、广西、四川、贵州、云南；朝鲜、日本、越南、泰国、印度、缅甸、菲律宾、马来西亚、印度尼西亚、马达加斯加、澳大利亚、巴布亚新几内亚。

采集记录 | 氹仔、路环。

42. 桃蛀野螟

Conogethes punctiferalis (Guenée, 1854)

别　　名｜桃蛀螟、桃果蠹、桃蛀心虫、桃野螟蛾等。

寄　　主｜桃、梨、杏、向日葵、棉花等；在旱粮作物中，为害高粱、玉米和大豆。

形态特征｜翅展20～29毫米。

体、翅明黄色。下唇须两侧黑色。翅基片各具1个黑点，胸部、腹部背面与侧面有成排的黑斑。前翅有25～26个黑斑，后翅约有10个黑斑。

分　　布｜澳门、黑龙江、辽宁、内蒙古、北京、天津、河北、山西、山东、河南、陕西、宁夏、甘肃、江苏、安徽、浙江、湖北、江西、湖南、福建、台湾、广东、海南、广西、四川、贵州、云南、西藏；朝鲜、韩国、日本、越南、老挝、柬埔寨、印度、缅甸、斯里兰卡、菲律宾、马来西亚、新加坡、印度尼西亚、澳大利亚、所罗门群岛；北美洲。

采集记录｜澳门半岛、氹仔、路环。

43. 瓜绢野螟

Diaphania indica (Saunders, 1851)

别　　名｜瓜螟、瓜野螟蛾、瓜绢螟、棉螟蛾等。

寄　　主｜黄瓜、西瓜、丝瓜、常春藤、木槿、梧桐等。

生活习性｜成虫白天不活动，多在叶丛杂草间隐藏，具有强烈的趋光性。

形态特征｜翅展23～28毫米。

头部及胸部浓墨褐色。触角灰褐色；下唇须下侧白色、上侧褐色。胸部领片及翅基片深褐色。腹部褐色，基部和各节后缘白色，第7～8节为深墨褐色；腹部末端具有黄色或黄褐色的鳞毛丛。翅白色半透明，闪金属紫光。前翅前缘及外缘各有1条淡墨褐色带相连接；缘毛墨褐色。后翅外缘有1条淡墨褐色带；缘毛墨褐色，近臀角处色浅。

分　　布｜澳门、北京、天津、河北、山东、河南、江苏、安徽、浙江、湖北、江西、福建、台湾、广东、广西、重庆、四川、贵州、云南；朝鲜、日本、越南、泰国、印度、印度尼西亚、法国、以色列、毛里求斯、澳大利亚、萨摩亚、斐济；非洲。

采集记录｜氹仔、路环。

44. 褐纹翅野螟

Diasemia accalis (Walker, 1859)

形态特征 | 翅展13～20毫米。

体、翅红褐色。头部淡灰褐色。胸、腹部背面灰黑褐色，腹部各节后缘浅黄褐色。前翅红褐色或黄褐色；中室后侧与后缘之间有3个黑褐色斑，它们之间为2个浅黄色斑；中室圆斑和中室端脉斑为不明显的灰褐色肾形斑纹；后中线浅黄色，略直，不达后缘。后翅黑褐色，中室端有不明显的灰褐色肾形斑纹；中室后角至臀角间为1条黄白色带状斑；后中线浅黄色，略呈锯齿状。前、后翅缘毛浅黄色，从基部至端部深浅相间。

分　　布 | 澳门、河北、山东、河南、江苏、安徽、浙江、湖北、湖南、福建、台湾、广东、香港、广西、四川、云南、西藏；朝鲜、日本、印度、缅甸。

采集记录 | 路环。

45. 叶展须野螟

Eurrhyparodes bracteolalis (Zeller, 1852)

形态特征｜翅展16～20毫米。

头顶淡黄褐色；额部褐色；下唇须基部白色，第2节黑褐色，第3节淡黄色；触角黄褐色有黑褐色环。胸部背面铅褐色有金属闪光；腹部背面第1、第2节赭色，其他各节铅褐色，各节后缘赭色；胸部、腹部腹面及足白色。翅铅褐色。前翅狭长，有金属光泽；前中线黄色，向内弯曲；中室中央及中室端有黑色斑纹；中室端下方至翅后缘有1个大型不规则黄色斑纹。后翅有3条黄色宽带。前、后翅外域散布大小不同的黄色碎斑；缘毛浅黄色或浅褐色，基半部为黄、褐相间的斑点。

分　　布｜澳门、山西、河南、陕西、江苏、安徽、浙江、湖北、福建、台湾、广东、广西、海南、重庆、四川、贵州、云南；朝鲜、日本、泰国、印度、缅甸、尼泊尔、斯里兰卡、印度尼西亚、澳大利亚、巴布亚新几内亚；非洲。

采集记录｜氹仔。

46. 双点绢丝野螟

Glyphodes bivitralis Guenée, 1854

寄　　主 | 榕树、印度橡胶树等。

形态特征 | 翅展27～32毫米。

体栗黄色，腹部两侧与腹面白色。前翅栗黄色，后缘白色；基部有1个不明显的褐色斑块；前中线为具黑边的弧形白带；前中线外侧为1个白色带黑边的梨形大斑；中室端脉斑银白色带黑边，新月形；中室后角后侧有1个椭圆形具白环的黑褐色斑，其外侧为带黑边的大白斑；后中线黑褐色，有时内缘白色，与外缘平行；缘毛栗褐色，有明显的栗褐色基线。后翅外线至翅基银白色如丝绢；后中线黑褐色；翅外缘为栗色宽带；缘毛白色，有栗褐色基线。

分　　布 | 澳门、江苏、福建、台湾、广东、海南、四川、云南；越南、印度、尼泊尔、斯里兰卡、菲律宾、印度尼西亚、澳大利亚、美国。

采集记录 | 氹仔、路环。

47. 黄翅绢丝野螟

Glyphodes caesalis Walker, 1859

寄　　主 | 波罗蜜、面包树等。

形态特征 | 翅展27～29毫米。

体、翅麦秆黄色。头、胸、腹部有黑条纹，头顶有深棕色鳞片；胸部领片棕色，两侧淡黄色；翅基片末端淡棕色；腹部两侧有棕色斑。前翅基部有黑褐色横纹，从基部至端部具4个淡黄色带黑边的大斑块，最外侧斑块后侧具4个小型淡黄色带黑边的斑块；外缘散布不规则黑褐色小斑；外缘线黑褐色；缘毛褐色，后部1/3黄褐色。后翅基半部淡黄色；中室后角有黑褐色斑；中室外侧有1条中间黄色的黑色斜中线；后中线黑褐色；外缘线黑褐色；缘毛黄褐色，顶角、中部和臀角处黑褐色。

分　　布 | 澳门、福建、广东、海南、广西、云南、西藏；越南、印度、缅甸、斯里兰卡、菲律宾、新加坡、印度尼西亚。

采集记录 | 路环。

48. 齿斑翅野螟

Glyphodes onychinalis (Guenée, 1854)

形态特征 | 翅展16～20毫米。

额白色，头顶黑褐色；触角淡褐色。胸、腹部背面白色，有黑褐色斑。前翅白色，有金属光泽；翅基有2个黑斑；基线和亚基线黑褐色；3条中线浅黄色，具黑褐色环纹，中线有黑褐色横行斑纹与前中线和后中线相连；亚外缘线与外缘线黑褐色，外缘线中间有1排不规则白点；缘毛灰白色，顶角、中部及臀角处灰褐色。后翅半透明，中线和后中线黑褐色；黑褐色的亚外缘线和外缘线之间为波状弯曲的白斑；缘毛前半部灰褐色，后半部白色，有黑褐色基线。

分　　布 | 澳门、河南、安徽、湖北、湖南、福建、台湾、广东、海南、香港、四川、贵州、云南、西藏；朝鲜、日本、越南、印度、缅甸、尼泊尔、斯里兰卡、马来西亚、印度尼西亚、文莱、南非、埃塞俄比亚、澳大利亚等。

采集记录 | 氹仔、路环。

49. 条纹绢野螟

Glyphodes strialis (Wang, 1963)

形态特征｜翅展24～27毫米。

体褐黄色。头部有褐色条纹，额中央有1条褐色纵条纹。足白色。翅半透明，底色褐黄色，斑纹占翅面大部分。前翅有5条褐黄色带，各条色带间有不连续的褐色模糊细线；亚基线较窄，边缘褐色不分明；前中线浅褐黄色，有黑色边缘；中线角锥形；中室端脉有褐色细线，四周环绕褐色模糊边缘；翅前缘有小斑点；后中线褐黄色，有不规则条纹。后翅基部具彩虹色泽，半透明，有褐色细斑点；中室端脉上有1个褐缘浅黄斑；后中线和亚缘线边缘深褐色；外缘褐黄色，有多数细微或块状的褐色斑。前、后翅缘毛均为褐色。

分　　布｜澳门、海南、贵州、云南。

采集记录｜路环。

50. 黑点切叶野螟

Herpetogramma basalis (Walker, 1866)

寄　　主 | 空心莲子草、苋菜。

生活习性 | 幼虫分5个龄期，缀叶为巢，先取食叶片顶端。成虫产卵于叶背，沿叶脉不规则排列。因取食空心莲子草而被作为潜在的生防昆虫。

形态特征 | 翅展17～22毫米。

头浅黄色。胸、腹部背面浅黄褐色，第3、第4节腹部背面各有1对黑斑。翅浅黄色。前翅前中线黑色向外倾斜；中室圆斑为褐色的微小斑点；中室端脉斑褐色，椭圆形；后中线褐色，波状。后翅中室端有1个黑斑；后中线与前翅相似。前、后翅缘毛浅黄褐色。

分　　布 | 澳门、福建、台湾、重庆、湖北、四川；日本、印度、斯里兰卡、印度尼西亚、肯尼亚、南非、澳大利亚等。

采集记录 | 氹仔、路环。

51. 黑顶切叶野螟

Herpetogramma cynaralis (Walker, 1859)

寄　　主 | 千金藤（防己科）。

生活习性 | 幼虫卷叶取食，并用细丝固定，卷叶内常有大量粪便颗粒。

形态特征 | 翅展20～23毫米。

头、胸部浅棕黄色，触角达前翅长的3/4。前翅浅黄色，前缘稍暗，前脉缘较直，顶角处稍弯，基部1/4处具小黑斑；亚前缘脉1/3处有小黑斑；中室近前缘具明显黑斑；缘毛浅灰色。与黑点切叶野螟外形相似，主要区别在于中室圆斑和中室端脉斑更大；前、后翅具不明显的黑褐色亚外缘带，在顶角和臀角处颜色略深。

幼虫暗黄色，头部黑色，胸部有2个黑褐色斑点。

分　　布 | 澳门、海南、台湾；韩国、日本、印度、马来西亚、斯里兰卡、澳大利亚。

采集记录 | 路环。

52. 水稻切叶野螟

Herpetogramma licarsisalis (Walker, 1859)

寄　　主｜水稻、甘蔗，以及禾本科杂草等。

生活习性｜卵多成块，少数散产，孵化较整齐。一年发生5～6代，以老熟幼虫或蛹越冬。

形态特征｜翅展20～24毫米。

额灰褐色，头顶黄褐色；下唇须下侧白色，其他黑色；下颚须、触角黄褐色。胸、腹背面灰褐色，尾毛白色；前足腿节端部及胫节基部有粗毛。前翅灰褐色，斑纹黑褐色；前中线锯齿状；中室圆斑点状；中室端脉斑新月形；后中线锯齿状，中部外凸。后翅褐色；中室后角有1个黑点，后中线与前翅相似。前、后翅亚外缘模糊带状；外缘线波状；缘毛灰褐色，前翅缘毛稍深。

分　　布｜澳门、江苏、上海、安徽、浙江、湖北、江西、湖南、福建、台湾、广东、海南、香港、广西、重庆、四川、贵州、云南、西藏；朝鲜、日本、越南、印度、斯里兰卡、马来西亚、印度尼西亚、澳大利亚。

采集记录｜澳门半岛、氹仔、路环。

53. 葡萄切叶野螟

Herpetogramma luctuosalis (Guenée, 1854)

别　　名｜葡萄卷叶野螟、葡萄叶螟。

寄　　主｜葡萄科、锦葵科、桑科植物。

生活习性｜以幼虫在落叶或树皮下越冬。

形态特征｜翅展23～31毫米。

体、翅黑褐色；各腹节背面后缘白色。翅面斑纹白色。前翅前中线为不明显带状，向外倾斜；中室圆斑扁圆形；中室端脉斑近方形；后中线弯曲，其前端及后端分别膨大成椭圆形或弯月形斑纹，前端斑纹大，后端斑纹稍小。后翅中室有1个小斑点；后中线弯曲，宽带状。前、后翅缘毛黑褐色。

分　　布｜澳门、黑龙江、吉林、天津、河北、河南、陕西、甘肃、江苏、安徽、浙江、湖北、福建、台湾、广东、四川、贵州、云南、西藏；俄罗斯、朝鲜、日本、越南、印度、尼泊尔、不丹、斯里兰卡、印度尼西亚；非洲东部、欧洲南部。

采集记录｜澳门半岛、氹仔。

54. 黑缘切叶野螟

Herpetogramma submarginalis (Swinhoe, 1901)

别　　名 | 缘黑黄野螟。

寄　　主 | 空心莲子草等。

形态特征 | 翅展11毫米。

体、翅草黄色。额浅黄色；头顶深黄色。腹部各节背面有棕褐色斑块，第4节有时具2个黑色斑点。翅面斑纹黑褐色。前翅前缘带黑褐色；前中线略呈波状；中室圆斑点状；中室端脉斑粗短、线状；后中线中部外凸。后翅中室后角具1个点状斑；后中线与前翅相似。前、后翅亚外缘线和外缘线呈斑列状；缘毛黑褐色。

分　　布 | 澳门、浙江、湖南、福建、台湾、广东、广西、海南（西沙群岛）；日本、印度。

采集记录 | 路环。

55. 甘薯银野螟

Hydriris ornatalis (Duponchel, 1832)

形态特征｜翅展13～19毫米。

头、胸部赭色和红褐色，杂有黑色和少量紫色鳞片。腹部红棕色。前翅基部红褐色，弥漫了少量黑色和银色块状鳞片，前、后中线之间为淡黄色且前部散布红棕色鳞片，后中线至外缘棕褐色；前中线弧形，棕褐色；中室圆斑和端脉斑为椭圆形银斑；后中线黑色波浪形且外缘伴随银色带；缘线银色或黑褐色，脉端有黑褐色扁斑；缘毛灰褐色，有时基部有深色线。后翅基部至后中线之间乳白色或淡黄色，稀疏地覆盖着毛和鳞片，中室端脉斑黑褐色点状；后中线及其外缘区域、缘毛与前翅相似。

分　　布｜澳门、台湾、广东、海南、香港、云南、海南（西沙群岛）；日本、澳大利亚；东南亚、欧洲南部、非洲、北美洲。

采集记录｜路环。

56. 双白带野螟

Hymenia perspectalis (Hübner, 1796)

形态特征 | 翅展20～26毫米。

体、翅黑褐色；腹部背面各节后缘有白色横纹；腹面灰白色。翅面斑纹白色。前翅前中线纤细，波状；中室端脉斑椭圆形或近长方形；后中线前部1/3略呈内凹的带状，后部2/3为不明显的弯曲点列；缘毛黑褐色，前部1/3和臀角处有白斑。后翅后中线略呈弯带状，后半部渐窄，伸达臀角；缘毛大部分白色，基部有黑褐色线，杂有褐斑。

分　　布 | 澳门、湖南、台湾、广东、江苏、四川、福建、海南、贵州；朝鲜、日本、泰国、印度、缅甸、斯里兰卡、马来西亚、印度尼西亚、英国、澳大利亚、美国、巴西、阿根廷。

采集记录 | 氹仔。

57. 艳瘦翅野螟

Ischnurges gratiosalis (Walker, 1859)

形态特征 | 翅展24～30毫米。

头、胸及腹部桃红色，具黄、白相间的鳞片。前翅大部分桃红色至玫红色；基部有模糊的黄色斑；中室中部、中室末端、中室后角后侧各有1个边缘红色的透明斑，斑点周围深红色；中室外侧有2个细小透明斑，其外侧有黄色斑纹。后翅桃红色；基部有1个透明斑；中室外有1个锯齿状透明斑，其外侧有黄色斑纹。前、后翅缘毛黄色，并夹杂有紫红色斑点。

分　　布 | 澳门、江西、福建、台湾、广东、海南、广西、浙江、湖北、湖南、重庆、四川、贵州；印度、斯里兰卡、印度尼西亚。

采集记录 | 氹仔、路环。

58. 肾斑蚀叶野螟

Nacoleia charesalis (Walker, 1859)

别　　名｜棕蚀叶野螟。

寄　　主｜阳桃、番薯、杧果、姜黄等。

生活习性｜分布于低海拔山区。幼虫取食腐烂的植物组织。

形态特征｜翅展16～23毫米。

体、翅黄褐色散布黑色鳞片。翅面斑纹黑褐色。前翅前中线模糊，波纹状；中室有1个模糊环斑；中室端脉斑肾形；后中线模糊。后翅中室端脉有斑点；后中线弯曲。前、后翅外缘有1列黑色点状斑；缘毛黑褐色，基部有浅色线。

分　　布｜澳门、台湾、广东、海南；越南、印度、斯里兰卡、菲律宾、马来西亚、新加坡、印度尼西亚、塞舌尔、澳大利亚、美国。

采集记录｜氹仔。

59. 黑点蚀叶野螟

Nacoleia commixta (Butler, 1879)

形态特征｜翅展15～20毫米。

头草黄色，触角基部黑褐色，下唇须腹面白色，其余褐色。胸、腹部浅黄色或黄色，散布黑褐色斑点。翅底色黄褐色，散布不规则褐色大斑块；前翅前缘中部具深褐色半圆形环纹；前中线黑褐色，前部内凹；中室圆斑大、椭圆形，中室端脉斑肾形，均为黄斑带黑边；后中线黑褐色，波状，外侧伴随浅黄线；外缘为黑褐色斑列；缘毛黑褐色夹杂黄色。后翅基部2/3为黄白色，中室后角为黄斑带黑边；后中线和外缘与前翅相似；缘毛前半部分褐色，后半部分浅黄色。

分　　布｜澳门、北京、天津、河南、陕西、甘肃、安徽、浙江、湖北、湖南、福建、台湾、海南、香港、广东、重庆、四川、贵州、云南、西藏；日本、越南、印度、尼泊尔、斯里兰卡、马来西亚。

采集记录｜路环。

60. 黄环蚀叶野螟

Nacoleia tampiusalis (Walker, 1859)

形态特征｜翅展24～30毫米。

额和头顶黄白色；下唇须基节白色，第2、第3节深棕色。领片、翅基片白色或淡黄色，翅基片上具1个黑褐色斑；胸部背面淡黄色杂褐色，中胸中央具1个褐色斑。腹部和前、后翅淡黄色或黄色，翅面斑纹黑褐色。前翅基部有不规则斑；前中线在中室圆斑后略外凸；中室圆斑为圆环形；中室端脉斑为肾形环斑；后中线中部外凸；外缘为斑列。后翅中室后角斑为粗短线状；后中线与前翅相似；外缘线稍连续。前、后翅缘毛褐色或黄色，有褐色基线。

分　　布｜澳门、河南、安徽、湖北、江西、福建、海南、广东；日本、印度、印度尼西亚。

采集记录｜氹仔。

61. 云纹叶野螟

Nausinoe perspectata (Fabricius, 1775)

寄　　主 | 紫茉莉、茉莉花等。

形态特征 | 翅展26～32毫米。

虫体浅棕黄色或暗褐色；腹部狭长，各节之间有白色带。翅面褐色。前翅基部有2个点状白斑和2个条状白斑，中央有3个钩状白斑，外缘有2个狭长白斑，白斑具褐色边缘。后翅基部有1个“V”形白斑，外缘有2个云纹形白斑，白斑具褐色边缘。前、后翅缘毛深褐色。

分　　布 | 澳门、福建、台湾、广东、云南；印度、缅甸、斯里兰卡、印度尼西亚、澳大利亚。

采集记录 | 路环。

62. 麦牧野螟

Nomophila nocteulla (Denis *et* Schiffermüller, 1775)

寄　　主｜小麦、柳、大豆、苜蓿、萹蓄等。

形态特征｜翅展23～34毫米。

体、翅灰褐色或棕褐色；腹部各节后缘有白色横纹，腹面两侧有白色成对条纹。前翅狭长；基部有不规则褐色斑纹；前中线黑褐色，略呈锯齿状；中室圆斑扁圆形，中室端脉斑肾形，中室后方紧挨中室圆斑有1个椭圆斑，这3个斑均为褐色，有黑褐色的内纹和环纹；后中线锯齿状，黑褐色；亚外缘线深锯齿状，黑褐色外侧伴随浅色线；外缘为1列深褐色斑点；缘毛褐色。后翅颜色较浅，半透明，翅脉深褐色；缘毛灰白色。

分　　布｜澳门、内蒙古、北京、天津、河北、山东、河南、陕西、宁夏、甘肃、青海、江苏、浙江、湖北、台湾、广东、四川、贵州、云南、西藏；俄罗斯、日本、印度、德国、塞尔维亚、黑山、罗马尼亚、保加利亚、奥地利；欧洲西部、北美洲。

采集记录｜路环。

63. 茶须野螟

Nosophora semitritalis (Lederer, 1863)

生活习性｜幼虫为害茶树嫩叶。

形态特征｜翅展25～32毫米。

头顶浅黄色；触角褐色；下唇须褐黄色，下侧白色。胸部背面褐色。腹部基部白色，端部淡红色。前翅茶色；前中线黑褐色，纤细，略呈波状；中室圆斑黑褐色，点状；中室端脉斑黑褐色，为肾形环斑；中室外有1个圆形半透明带黑边的白斑，与近前缘的淡黄色带黑边斑相连；缘毛黑褐色。后翅褐色，中室后侧有1个近方形具黑边的白色半透明斑；缘毛黑褐色，后半部浅褐色。

分　　布｜澳门、河南、甘肃、安徽、浙江、湖北、江西、湖南、福建、台湾、广东、海南、香港、重庆、四川、贵州、云南；日本、印度、缅甸、菲律宾、印度尼西亚。

采集记录｜路环。

64. 扶桑四点野螟

Notarcha quaternalis (Zeller, 1852)

寄　　主｜朱槿。

生活习性｜幼虫卷叶为害朱槿叶片。

形态特征｜翅展15～22毫米。

体鲜橘黄色。头部掺杂少量白色鳞片。胸、腹部各节后缘有白色环纹。前、后翅底色银白色，有宽的橘黄色带。前翅前缘带有3个黑斑点；前翅有较为宽阔的基带、亚基带、前中带、中带和外凸的后中带，以及亚外缘带；中室端脉斑内侧有黑色的半圆形斑；外缘线褐色。后翅的前中带、中带、后中带、亚外缘带和外缘线与前翅相似。前、后翅缘毛浅黄色，基半部黄褐色。

分　　布｜澳门、北京、天津、河北、河南、陕西、甘肃、安徽、湖南、台湾、广东、广西、四川、贵州、云南；印度、缅甸、斯里兰卡、南非、澳大利亚；非洲西部。

采集记录｜氹仔。

65. 豆荚野螟

Maruca vitrata (Fabricius, 1787)

别　　名 | 豆卷叶螟、豆螟蛾、大豆螟蛾、豆荚螟等。

寄　　主 | 豆科植物，如豌豆、豇豆、扁豆、大豆；葛藤、玉米等。

生活习性 | 成虫白天停在植物植株下部不活动，夜间飞翔，有趋光性，经常飞向灯源附近并展翅静伏。

形态特征 | 翅展23～28.5毫米。

虫体暗黄褐色。头部茶褐色，中央白色；额部黑褐色，两侧有白色条纹；触角褐色。

胸、腹部背面淡茶褐色，腹部腹面近白色。前翅暗黄褐色；中室内有1个白色半透明小斑，中室外由翅前缘至CuA_2脉间有1个白色半透明大斑，中室后侧有1个白色半透明小斑；缘毛褐色，顶角及臀角处白色。后翅白色半透明；中室内和中室前角各有1个暗棕色小斑，中室后角有1个黑褐色小环斑；后中线褐色，纤细，波状，其外侧近臀角处有多条纤细波状纹；外缘前半部分为暗黄褐色宽带；缘毛前半部褐色，后半部分白色，有深色基线。

分　　布 | 澳门、内蒙古、北京、天津、河北、山西、山东、河南、陕西、甘肃、江苏、安徽、浙江、湖北、湖南、福建、台湾、广东、海南、香港、广西、重庆、四川、贵州、云南、西藏；朝鲜、日本、印度、斯里兰卡、坦桑尼亚、尼日利亚、澳大利亚、美国（夏威夷）。

采集记录 | 氹仔、路环。

66. 尤金绢须野螟

Palpita munroei Inoue, 1996

形态特征 | 翅展22～26毫米。

体乳白色；翅乳白色，半透明，带闪光。胸部前缘棕褐色。腹部末端带黄褐色鳞片。前翅前缘带黄褐色；中室内靠近前缘有2个黄褐色带黑边的斑块；中室端脉斑为肾形黄褐色带黑边的斑块；A脉和CuA_2脉间有1个浅黄色黑环斑；后中线锯齿形；外缘翅脉端具1列黑褐色斑点。后翅中室端脉斑具1个肾形灰褐色环斑，后角处加粗、黑褐色；A脉和CuA_2脉间有1个模糊的灰黑色斑点；后中线和外缘脉端的黑褐色斑点与前翅相同；缘毛白色。

分　　布 | 澳门、浙江、湖南、福建、广东、香港、广西、贵州、云南；日本、越南、泰国、菲律宾、印度尼西亚。

采集记录 | 澳门半岛、氹仔、路环。

67. 白蜡绢须野螟

Palpita nigropunctalis (Bremer, 1864)

寄　　主｜白蜡树、梧桐、橄榄、木樨、女贞等。

生活习性｜幼虫卷叶取食。

形态特征｜翅展28～36毫米。

体乳白色；翅乳白色，半透明，带闪光。额棕黄色。前翅前缘带黄褐色；中室内靠近前缘有2个小黑点；中室端脉斑为新月状黑纹；A脉和CuA_2脉间有1个黑环斑；近外缘有间断的暗灰色斑点列；外缘翅脉端具1列黑褐色斑点。后翅中室前角有灰褐色斑点，后角有黑褐色斑点；近外缘的斑列和外缘脉端的黑褐色斑点与前翅相同。缘毛白色。

分　　布｜澳门、辽宁、北京、河北、山西、河南、陕西、甘肃、江苏、浙江、湖北、福建、台湾、广西、四川、贵州、云南、西藏；朝鲜、日本、越南、印度、斯里兰卡、菲律宾、印度尼西亚。

采集记录｜路环。

68. 绿翅绢野螟

Parotis angustalis (Snellen, 1875)

生活习性｜成虫稍有趋光性，昼伏夜出，白天静伏在叶片上，夜间交配产卵，多在22:00以后活动。幼虫常为害栎属植物，隐匿于虫苞中取食叶片，为害树木。

形态特征｜翅展40毫米左右。

体、翅绿色，有时前翅外半部和后翅略带黄色。腹部末节带棕色。前翅前缘带淡棕色；前、后翅中室端脉斑小黑点状；外缘线棕褐色断续点状；缘毛褐色，后翅近臀角处乳白色。

分　　布｜澳门、江西、福建、广东、广西、海南、湖北、湖南、重庆、四川、西藏、贵州、云南；印度尼西亚、印度。

采集记录｜氹仔、路环。

69. 凸缘绿绢野螟

Parotis suralis (Lederer, 1863)

别　　名 | 角翅绿野螟。

寄　　主 | 盆架树。

形态特征 | 翅展37～40毫米。

体、翅嫩绿色，后翅略带黄色。腹部末节带棕色。前翅前缘带淡棕色；前、后翅中室端脉斑小黑点状；外缘线棕褐色，外缘具小波状凹凸；缘毛雪白色，近顶角处和中部具褐色斑。

分　　布 | 澳门、台湾、广东、香港、海南、四川、云南；日本、印度尼西亚、澳大利亚、所罗门群岛。

采集记录 | 路环。

70. 三条扇野螟

Patania chlorophanta (Butler, 1878)

别　　名 | 三条蛀野螟。

寄　　主 | 栗、栎、柿、泡桐、梧桐等。

形态特征 | 翅展24.5～28毫米。

体、翅黄色；腹部各节后缘白色，末节有1条黑色横带。翅面斑纹黑褐色。前翅前中线略呈弧形；中室圆斑小圆点状；中室端脉斑短线状；后中线弯曲；缘毛浅褐色，基部有黑褐色线。后翅中室端斑和后中线与前翅相似；缘毛浅黄色，基部有黑褐色线。

分　　布 | 澳门、内蒙古、天津、河北、山东、河南、陕西、宁夏、甘肃、江苏、安徽、浙江、湖北、江西、湖南、福建、台湾、广东、海南、广西、重庆、四川、贵州；朝鲜、韩国、日本。

采集记录 | 路环。

71. 枇杷扇野螟

Pleuroptya balteata (Fabricius, 1798)

别　　名 | 枇杷卷叶野螟。

寄　　主 | 枇杷、栗、蒙古栎、黄连木、乳香属植物等。

形态特征 | 翅展25～34毫米。

体、翅黄色。头黄褐色。腹部黄色，各节后缘乳白色。翅面斑纹褐色。前翅前缘带黄褐色；前中线波状；中室圆斑略扁圆；中室端脉斑粗短线状；后中线中部外凸；亚外缘带窄，且内缘模糊。后翅色浅；中室端脉斑短线状；后中线和亚外缘带与前翅相似。缘毛浅褐色。

分　　布 | 澳门、天津、河南、陕西、安徽、浙江、湖北、江西、湖南、福建、台湾、广东、广西、四川、贵州、云南、西藏；朝鲜、日本、越南、印度、尼泊尔、斯里兰卡、印度尼西亚、塞尔维亚、黑山、法国、澳大利亚；非洲。

采集记录 | 氹仔、路环。

72. 蓝灰野螟

Poliobotys ablactalis (Walker, 1859)

形态特征 | 翅展26毫米。

体、翅灰褐色；腹部各节后缘有污白色横带。翅面斑纹黑褐色。前翅前中线向外倾斜；中室圆斑点状，有时不明显；中室端脉斑短线状；后中线有时略呈锯齿状，在CuA_2脉后向内折；缘毛污白色，有黑褐色基线。后翅中室端脉斑明显向外倾斜；后中线略呈锯齿状，中部呈弧形外凸；缘毛同前翅。

分　　布 | 澳门、江西、台湾、海南、香港、广西、云南；印度、缅甸、尼泊尔、斯里兰卡、印度尼西亚、法国（留尼汪岛）、澳大利亚。

采集记录 | 路环。

73. 黄缘狭翅野螟

Prophantis adusta Inoue, 1986

寄　　主 | 栀子。

形态特征 | 翅展18～22毫米。

额浅灰色；胸、腹部褐色。翅紫褐色。前翅前缘黄色，中室内侧、中室端、中室外侧及中室后角后侧各有1个白色斑块，斑块有黑边，近前缘的3个斑块与前缘带相连；外缘黄色，后半部脉端有1列黑点。后翅后中线深褐色，略呈锯齿状，外缘有浅色线；外缘为黄色，中部脉端有1列黑点。前、后翅缘毛黄色。

分　　布 | 澳门、福建、台湾、广东、四川、贵州、云南；日本、泰国、印度、斯里兰卡、菲律宾、马来西亚、印度尼西亚、伊朗、澳大利亚、巴布亚新几内亚、新西兰。

采集记录 | 澳门。

74. 泡桐卷叶野螟

Pycnarmon cribrata (Fabricius, 1794)

生活习性｜幼虫吐丝卷叶为害泡桐树叶。

形态特征｜翅展18～20毫米。

体、翅黄白色有光泽。翅基片和中胸两侧各有1个黑斑点；前足及中足带黑斑；腹部第4节有1对黑斑点，末节黄色有1对黑斑点。前翅沿前缘有多个细微的黑点，从翅前缘到亚前缘脉有褐色细纹，基部1/3有3个较大的斑点，端半部有2个半环形斑；前中线浅褐色；中室端脉斑黑褐色，短粗线状；后中线浅褐色，后部外凸处有1个黑褐色斑；外缘线黑褐色，近顶角处有1个黑褐色斑。后翅中室端部有1个黑斑；后中线和外缘线与前翅相似。前、后翅缘毛浅褐色，基部有褐色线。

分　　布｜澳门、北京、河北、陕西、湖北、台湾、广东、海南、广西、四川、云南；朝鲜、日本、越南、印度、缅甸、斯里兰卡、马来西亚、印度尼西亚、斐济、巴布亚新几内亚（俾斯麦群岛）、南非、塞拉利昂、津巴布韦、喀麦隆；非洲东部。

采集记录｜氹仔、路环。

75. 黄斑紫翅野螟

Rehimena phrynealis (Walker, 1859)

形态特征｜翅展17.5～21毫米。

体暗紫褐色。额及下唇须橘黄色，下唇须末节细短尖锐。腹部各节后缘有浅色环纹。前翅紫褐色，从基部至端部有3条黄带，其外缘有深褐色边与前缘相连；基部黄带前宽后窄，伸达后缘；中部黄带极短；端部黄带伸达翅中部；外缘有时黄色；缘毛褐、黄色相间，基部有黄线。后翅浅褐色，基部色浅；缘毛前半部分浅褐色，后半部分乳白色，中部有时具褐色斑。

分　　布｜澳门、北京、天津、河北、河南、甘肃、江苏、安徽、浙江、湖北、广东、海南、云南；韩国、印度、斯里兰卡、印度尼西亚、澳大利亚。

采集记录｜氹仔、路环。

76. 紫翅野螟

Rehimena surusalis (Walker, 1859)

寄　　主 | 木槿、木芙蓉、朱槿等。

形态特征 | 翅展23毫米。

体、翅紫褐色。前翅前缘近中部有1个近三角形黄斑，后中线为垂直于前缘的3个黄色斑点。后翅浅褐色，无斑纹。前、后翅缘毛褐色，深浅相间。

分　　布 | 澳门、江苏、浙江、湖北、湖南、台湾、广东、海南、云南；朝鲜、印度、斯里兰卡、马来西亚、印度尼西亚、澳大利亚、刚果。

采集记录 | 路环。

77. 网拱翅野螟

Sameodes cancellalis (Zeller, 1852)

寄　　主｜豆科植物。

形态特征｜翅展20～22毫米。

体、翅褐黄色，腹部各节后缘有白环。前翅前缘端半部有4个小黑斑，后缘有淡黄色斑；中室内有1个扁方形的白斑，其后侧有2个白斑；中室端脉处有1个椭圆形白斑，其后侧亦有1个椭圆形白斑；从R_5到1A脉之间有2列白斑。后翅基部半透明，外域有1条宽白带，其外侧伴随1列小白斑。前、后翅白斑均带黑褐色边；外缘线黑褐色；缘毛乳白色，脉端处有浅褐色斑。

分　　布｜澳门、福建、台湾、海南、广东；日本、越南、泰国、印度、缅甸、尼泊尔、斯里兰卡、菲律宾、马来西亚、印度尼西亚、阿富汗、也门（索科特拉岛）、澳大利亚、斐济、巴布亚新几内亚（俾斯麦群岛）、所罗门群岛、萨摩亚；非洲。

采集记录｜氹仔、路环。

78. 甜菜白带野螟

Spoladea recurvalis (Fabricius, 1775)

别　　名 | 甜菜叶螟、白带螟蛾、青布袋等。

寄　　主 | 甜菜、藜、甘蔗、苋菜、茶等。

生活习性 | 一年3代，以老熟幼虫入土化蛹越冬。

形态特征 | 翅展17～23毫米。

体、翅黑褐色或棕褐色。额白色，有黑斑；头顶褐色；触角黑褐色；下唇须黑褐色向上弯曲。胸、腹部背面黑褐色，腹节后缘白色。前翅前中线浅黄色，不清晰，略直；后中线白色带状，中部外凸且呈断续的点状，后部向中室端部略有延伸；中室有1条斜向波纹状的黑缘宽白带，与后中线相连接，外缘有1排细白斑点。后翅中部有1条具黑缘的白带。前、后翅缘毛黑褐色，基部色浅，中部有2个白斑。

分　　布 | 澳门、黑龙江、吉林、辽宁、内蒙古、北京、天津、河北、山西、山东、河南、陕西、宁夏、甘肃、安徽、江西、湖南、台湾、广东、广西、四川、贵州、云南、西藏（察隅）；朝鲜、日本、越南、泰国、印度、缅甸、尼泊尔、不丹、斯里兰卡、菲律宾、印度尼西亚、澳大利亚；非洲东部和南部、北美洲、南美洲。

采集记录 | 澳门半岛、氹仔、路环。

79. 六斑蓝野螟

Talanga sexpunctalis (Moore, 1877)

形态特征 | 翅展20～24毫米。

体黄色。头部浅褐色，触角棕褐色。前翅黄色，前缘带褐色，夹杂黄斑；翅基部近后缘向外伸出1条乳白色宽纵带；中室端部具1个褐色三角形斑，与前缘带褐色部分相连且内外侧伴随乳白色宽纵带；翅外域有2条乳白色带黑褐色边的横带，与前缘带褐色部分相连；外缘线褐色；缘毛浅褐色。后翅乳白色，中室外侧和近外缘中部各有1个黄色斑块；外缘中部有2个中心具金属光泽的黑斑，其外侧有4个中心夹带白点的黑斑排列1行；缘毛浅黄色，黑斑处缘毛赤铜褐色。

分　　布 | 澳门、台湾、江西、广东、海南、云南；日本、印度、斯里兰卡、马来西亚、印度尼西亚、瓦努阿图、澳大利亚、巴布亚新几内亚。

采集记录 | 氹仔、路环。

80. 狭斑野螟（中国新记录种）

Tatobotys biannulalis (Walker, 1866)

形态特征 | 翅展15～20毫米。

体、翅黄色略带褐色。触角丝状，前额附有深棕色鳞片，下唇须轻微上举。足黄色，后足长。前翅中室圆斑为黑点；中室端脉斑为黑褐色肾形环斑；后中线褐色，锯齿状；外缘线黑褐色；缘毛褐色，基部色浅。后翅中室端脉斑为褐色环斑；后中线、翅外缘和缘毛与前翅相似。

分　　布 | 澳门；韩国、日本、斯里兰卡、印度、印度尼西亚、澳大利亚。

采集记录 | 氹仔。

81. 黑纹野螟

Tyspanodes linealis (Moore, 1867)

生活习性 | 分布于低、中海拔山区，不普遍。

形态特征 | 翅展28毫米。

头、胸和腹部黄褐色，腹部各节后缘色浅。前翅窄，底黄色，布满黑褐色条纹；有时翅基部无明显黑褐色条纹；缘毛乳白色，有黑褐色基线。后翅浅黄色。

分　　布 | 澳门、广东、香港；印度、斯里兰卡、尼泊尔、不丹、泰国、澳大利亚。

采集记录 | 氹仔、路环。

（七）野螟亚科 Pyraustinae

82. 竹织叶野螟

Crypsiptya coclesalis (Walker, 1859)

别　　名｜竹弯茎野螟。

寄　　主｜毛竹、淡竹、刚竹、苦竹。

生活习性｜竹子的主要害虫之一，卷叶为害。

形态特征｜翅展28～30毫米。

体、翅浅黄色至黄褐色。翅面斑纹黄褐色。前翅前缘宽；前中线略呈锯齿状；中室圆斑点状；中室端脉斑短线状；后中线弯曲；亚外缘带宽。后翅后中线和亚外缘带与前翅相似。前、后翅缘毛褐色，略带黄色。

分　　布｜澳门、北京、江苏、浙江、台湾、广东、四川、云南；日本、韩国、印度、缅甸、老挝、马来西亚、越南、泰国、印度尼西亚、新加坡、菲律宾等。

采集记录｜氹仔、路环。

83. 透室窄翅野螟

Euclasta vitralis Maes, 1997

形态特征 | 翅展24～29毫米。

头、胸部淡茶褐色，腹部暗褐色有白环。前翅淡褐色，前缘至中室茶褐色；中室圆斑为黑褐色扁斑；中室端脉斑为黑褐色斑点；中室后侧有白色横带；翅脉有茶褐色条纹及2个亚端黑纹；外缘白色，缘毛褐色。后翅白色半透明，翅顶充满褐色；缘毛乳白色，顶角处稍带褐色。

分　　布 | 澳门、江苏、浙江、福建、台湾、广东、广西、四川、云南；印度、斯里兰卡、缅甸。

采集记录 | 路环。

84. 赭翅长距野螟

Hyalobathra coenostolalis (Snellen, 1890)

形态特征 | 翅展18～26毫米。

头、胸部赭黄色；腹部浅褐色，各节后缘有乳白色横纹。翅赭色布满褐色鳞片；翅顶角自后中线外侧金黄色。前翅前中线弯曲，黑褐色；中室端脉斑细线状；中室后角至翅外缘中部有深赭色大斑块；后中线褐色，弯曲，在前缘加深；亚缘线纤细，波浪状。后翅中室后角有1个不明显暗斑及不明显弯曲的细小的后中线及亚缘线。前、后翅缘毛基部黑色，端部纯白色。

分　　布 | 澳门、湖北、江西、湖南、福建、台湾、广东、海南、广西、四川；印度、缅甸、印度尼西亚、澳大利亚（北部）。

采集记录 | 澳门。

85. 小叉长距野螟

Hyalobathra opheltesalis (Walker, 1859)

寄　　主｜向日葵。

形态特征｜翅展18～23毫米。

额、头顶、下颚须和触角深黄色。胸部背面黄色，腹面浅黄色。腹部背面黄色，腹面白色。前、后翅深黄色或黄色，翅面斑纹黑褐色。前翅前中线略呈弧形；中室端脉斑短线状；后中线中部强烈外凸；缘毛基半部黑褐色，端半部白色。后翅后中线中部强烈外凸；缘毛白色，基部有黑褐色线。

分　　布｜澳门、广东、海南、广西、云南；印度、缅甸、印度尼西亚。

采集记录｜路环。

86. 等翅红缘野螟

Isocentris aequalis (Lederer, 1863)

形态特征 | 翅展16～20毫米。

体枯黄色夹杂橘黄色鳞片。前翅橘黄色，散布少量赭色鳞片；前中线不明显，黑褐色，波浪形稍向外倾；中室圆斑不明显；中室端脉斑黑褐色弯线状，与后中线相接于中室后角形成1个模糊斑块；后中线褐色，为不连续点状线；亚外缘带褐色，前端较模糊。后翅赭色，斑纹与前翅相似，中室后角外侧有1个近圆形黑褐色斑块。前、后翅缘毛基部1/3黑褐色，其余乳白色。

分　　布 | 澳门、海南、台湾、广东；缅甸、印度尼西亚、印度、斯里兰卡、澳大利亚。

采集记录 | 路环。

87. 小竹云纹野螟

Nephelobotys habisalis (Walker, 1859)

寄　　主 | 竹。

形态特征 | 翅展20～26毫米。

体、翅黄色。头橘黄色；下唇须前伸，土黄色，基部下侧白色；触角淡黄色。胸部、腹部腹面及足白色。前翅前缘带黄褐色；前中线黄褐色，细弱；中室圆斑黄褐色，点状；中室端脉斑黄褐色，短线状；后中线细弱，波状；亚外缘带褐色，内缘模糊；外缘黄色或黄褐色。后翅后中线黄褐色，仅部分可见；亚外缘带与前翅相似，外缘翅脉端有褐色斑点。前、后翅缘毛淡黄色。

分　　布 | 澳门、浙江、江西、湖南、福建、台湾、广东、海南、广西、贵州、云南；马来西亚。

采集记录 | 澳门半岛、氹仔、路环。

88. 三环须野螟

Mabra charonialis (Walker, 1859)

形态特征 | 翅展17～20毫米。

体、翅黄褐色；腹部各节后缘有白环。前翅前、后中线深褐色，后中线在近后缘处曲折；前、后中线间沿前缘有2个细小的半圆形深褐色环；中室圆斑为1个深褐色环斑，中室端具1个斜向近长方形深褐色环斑，该斑内侧后方具1个圆形深褐色环纹，3个斑浅黄色。后翅中室端有1个淡黄色方斑，斑内外侧有深褐色线纹；后中线深褐色。前、后翅缘毛基半部暗褐色，端半部白色。

分　　布 | 澳门、黑龙江、天津、河北、河南、甘肃、江苏、上海、安徽、浙江、湖北、湖南、福建、台湾、四川、贵州、西藏；朝鲜、韩国、日本。

采集记录 | 氹仔。

89. 烟须野螟

Mabra eryxalis (Walker, 1859)

形态特征 | 翅展13.5～16.5毫米。

头部灰黄色。胸部橘黄色。腹部灰黄色，杂有黄褐色斑。翅黄色，中域大部分烟褐色。前翅前中线橘色，波状；后中线褐色，弧形；亚外缘线黄褐色，锯齿形。后翅后中线褐色，亚外缘线与前翅的相似。前、后翅缘毛黄色。

分　　布 | 澳门、台湾、广东；日本、缅甸、印度、印度尼西亚、斯里兰卡、澳大利亚。

采集记录 | 澳门。

90. 白缘苇野螟

Sclerocona acutellus (Eversmann, 1842)

寄　　主 | 芦苇。

生活习性 | 幼虫缀丝取食。

形态特征 | 翅展22～26毫米。

头、胸部红褐色。腹部背面黄褐色，有浅色环纹。前翅橙黄色，前缘带白色，翅脉淡白色；无明显斑纹；缘毛白色。后翅淡黄色，沿外缘橙黄色；缘毛白色。

分　　布 | 澳门、辽宁、北京、河北、山东、河南、江苏、上海、安徽、浙江、湖北、湖南；朝鲜、日本；欧洲。

采集记录 | 氹仔。

91. 台湾果蛀野螟

Thliptoceras formosanum Munroe *et* Mutuura, 1968

形态特征｜翅展18～24毫米。

头部浅黄褐色。胸、腹部黄褐色，腹部各节后部有乳白色横线。前、后翅褐色，翅面斑纹黑褐色。前翅前中线略直，稍呈锯齿状；中室圆斑点状；中室端脉斑短线状；后中线锯齿状；缘毛褐色。后翅后中线直，不深达臀角；外缘色深；缘毛褐色，基部有深色线。

分　　布｜澳门、江西、湖南、福建、广东、海南、广西、贵州。

采集记录｜路环。

八、舟蛾科 Notodontidae

体型中等，多为褐色或暗灰色，少数洁白或具鲜艳颜色。喙柔弱或退化；无下颚须；下唇须中等大；复眼大，多数无单眼；雄性触角常为双栉状，雌性触角一般为线状。胸部被浓厚的毛和鳞片；鼓膜位于胸腹面一小凹窝内，膜向下。腹部粗壮，常超过后翅臀角。前翅后缘中央有时具1个齿形毛簇或呈月牙形缺刻，缺刻两侧具齿形或梳形毛簇，静止时两翅后折呈屋脊形，毛簇竖起如角。夜间活动，具趋光性。

幼虫大多颜色鲜艳，背部常有显著的峰突，臀足不发达或特化成为可向外翻缩的枝形尾角，栖息时一般只靠腹足固着，头尾翘起，形如龙舟，通常有“舟形虫”之称。幼虫多取食阔叶树树叶，是重要的林木害虫，经常为害森林、行道树、防风林、苗圃和果树，也有少数种是禾本科农作物害虫。

92. 神二尾舟蛾

Cerura priapus Schintlmeister, 1997

寄　　主｜母生。

形态特征｜雄性翅展45～60毫米，雌性翅展64～72毫米。

头、颈板和胸部白色带微黄色。胸部背面中央有2列共6个黑点；翅基片上有2个黑点；胫节上有黑点，跗节大部分黑色。腹部黑褐色，背面中央1～6节有1条明显的白色纵带。前翅白带黄色，具丝质光泽，斑纹黑色；基部有几个黑色斑点；内线带状波曲，内嵌粉褐色且外侧伴随波状线；中线从前缘到中室后角一段较粗，随后向外扭曲与月牙形的横脉纹相连；外线双股平行，波浪形；亚端线波状；外缘为1列脉间三角形黑点。后翅褐色；横脉纹模糊、灰黑色；从前缘中央到臀角有1条不清晰的亮带；外缘由脉间黑点组成。

分　　布｜澳门、上海、浙江、江西、福建、广东、香港、广西、云南；越南、泰国、缅甸。

采集记录｜氹仔、路环。

93. 黑胯舟蛾

Syntypistis melana Wu *et* Fang, 2003

形态特征｜雄性翅展40～43毫米。

头、胸部黑褐色，混有少量灰白色毛；下唇须黑褐色，腹缘赭黄色；触角基部周围有棕色、白色与黑色混杂的长毛簇。腹部黑褐色。前翅黑褐色，散布淡绿色的细鳞片，斑纹不清晰，只有外线隐约可见，波状拱曲。后翅污白色，散布浅棕色鳞片，前缘带宽，褐色。

分　　布｜澳门、广西、贵州。

采集记录｜氹仔。

九、灯蛾科 Arctiidae

体中至大型。雄性触角多为栉齿状，雌性触角多为线状具纤毛。翅基片与颈板多具有斑点或斑带。腹部较粗钝，背面与侧面常具有黑色点斑。前翅多为白色、浅黄色、黄色、红色、灰色等，翅面斑纹丰富；后翅多为红色或黄色，翅面斑纹较少。

因成虫趋光，有夜间扑灯的生活习性而得名。多分布于热带和亚热带地区，除苔蛾幼虫多以地衣苔藓为食外，绝大多数灯蛾幼虫为多食性。不少是农、林害虫，其中美国白蛾是重要的国际植物检疫对象。

（一）苔蛾亚科 Lithosiinae

94. 湘土苔蛾

Eilema hunanica (Daniel, 1954)

形态特征 | 翅展26～28毫米。
头顶、颈板基部及肩角黄色，额、颈板端部、翅基片及胸部褐色。腹部暗灰色或浅黄色，腹末灰黄色。前翅暗灰色染褐色，前缘带黄色直达翅顶，前缘基部具黑边；反面与正面相同，仅端区色稍淡。后翅黄褐色或浅黄色。

分　　布 | 澳门、湖南、福建。

采集记录 | 澳门半岛、氹仔、路环。

95. 优美苔蛾

Miltochrista striata (Bremer *et* Grey, 1851)

寄　　主 | 地衣、大豆等。

形态特征 | 雄性翅展28～45毫米，雌性翅展37～50毫米。

头、胸部黄色，颈板及翅基片黄色、具红边，肩角、头顶、翅基片及胸具黑点。腹部淡红色。前翅底色黄色，脉间散布红色短带；基部有2个黑点；内线由灰褐色点连成；中线灰褐色点不相连；外线灰褐色，"Y"形，并向红斑间延伸出分支。后翅底色雄性为淡红色，雌性为黄色或淡红色。

分　　布 | 澳门、吉林、河北、山东、陕西、甘肃、江苏、浙江、湖北、江西、湖南、福建、广东、海南、香港、广西、四川、云南；俄罗斯、朝鲜、日本。

采集记录 | 氹仔、路环。

（二）灯蛾亚科 Arctiinae

96. 拟三色星灯蛾

Utetheisa lotrix (Cramer, 1779)

寄　　主 | 猪屎豆、蓖麻、木豆、甘蔗等。

形态特征 | 翅展28～40毫米。

头、胸部黄白色，头顶、颈板、翅基片橙黄色，额、头顶、颈板、翅基片和胸部具黑点。腹部白色，亚侧面有1列黑点。前翅黄白色，从基部至端部为黑色点列与红色斑块交替排列，亚外缘黑点列为2列，外缘为1列密集黑点。后翅白色；中室端脉上具黑色线斑；外缘为黑褐色不规则斑带。

分　　布 | 澳门、福建、台湾、广东、海南、广西、四川、云南、西藏；日本、越南、印度、缅甸、斯里兰卡、菲律宾、新加坡、澳大利亚、新西兰。

采集记录 | 路环。

97. 粉蝶灯蛾

Nyctemera adversata (Schaller, 1788)

寄　　主 | 柑橘、狗舌草（菊科）、无花果等。

生活习性 | 除冬季外，成虫生活在平地至中海拔山区。白昼喜访花，夜晚具趋光性。

形态特征 | 翅展44～56毫米。

头、颈板黄色，胸与翅基片黄白色，头顶、额、颈板、肩角及胸部各节具1个黑点，翅基片具2个黑点。腹部白色，末端黄色，背、侧面具黑点列。前翅白色，中室中部、端部和中室后侧，以及翅外缘有褐色斑块。后翅白色，中室后角处具1个黑褐色大斑，靠近外缘处有4～5个黑褐色斑。

分　　布 | 澳门、内蒙古、北京、河南、江苏、浙江、湖北、江西、湖南、福建、台湾、广东、海南、广西、四川、云南、西藏；日本、印度、尼泊尔、马来西亚、印度尼西亚。

采集记录 | 氹仔、路环。

98. 蝶灯蛾

Nyctemera lacticinia (Cramer, 1777)

形态特征 | 翅展39～46毫米。

头、颈板、肩角黄色，额、头顶、颈板、肩角有黑斑，翅基片白色具黑色纵带；胸白色或黄色，具黑斑。腹部白色，末端2节黄色；第1节具3个黑点；第2～7节背面有黑色短横带；侧面有1列黑点。前翅黑褐色；从前缘中部有1条由椭圆形白斑构成的宽带伸至近臀角处。后翅白色，端部具暗褐色宽带，其内缘呈波状。

分　　布 | 澳门、台湾、海南、香港、广西、云南；日本、印度、缅甸、斯里兰卡、马来西亚、印度尼西亚等。

采集记录 | 氹仔、路环。

99. 白巾蝶灯蛾

Nyctemera tripunctaria (Linnaeus, 1758)

形态特征｜翅展48～56毫米。

与蝶灯蛾相似，但其腹部背面有黑点。前翅黑褐色，基部翅脉白色；中室内基部有白色窄纵纹；亚中褶有1条白纵纹自翅基部至中部外；后缘自基部至臀角前方有窄的白色纵带；从前缘中部有1条由椭圆形白斑构成的宽带伸至近臀角处。后翅白色；端部具黑褐色宽带，其内缘呈微尖齿状。

分　　布｜澳门、广东、海南、香港、广西；越南、泰国、印度、菲律宾、马来西亚、新加坡、印度尼西亚。

采集记录｜路环。

100. 八点灰灯蛾

Creatonotos transiens (Walker, 1855)

寄　　主｜十字花科蔬菜和桑、茶、水稻、柑橘、玉米、柏木、三球悬铃木等。

生活习性｜幼虫食性广泛，取食寄主茎、叶。

形态特征｜翅展36～54毫米。

头、胸白色稍染褐色。腹部背面黄色，背面、侧面及亚侧面各有1列黑点。雄性前翅灰褐色，前缘和翅脉灰白色；雌性前翅灰黄色；前翅中室前、后角内侧和外侧各有1个黑点。雄性后翅黑褐色，无斑纹；雌性后翅黄白色，靠近外缘有几个黑褐色斑块。

分　　布｜澳门、山西、山东、河南、陕西、江苏、安徽、浙江、湖北、江西、湖南、福建、台湾、广东、海南、香港、广西、四川、贵州、云南、西藏；日本、越南、泰国、印度、缅甸、尼泊尔、不丹、菲律宾、印度尼西亚、巴基斯坦、阿富汗。

采集记录｜澳门半岛、氹仔、路环。

雌性

雄性

101. 强污灯蛾

Spilarctia robusta (Leech, 1899)

形态特征 | 雄性翅展52～64毫米，雌性翅展62～74毫米。

体、翅乳白色。触角黑褐色。腹部红色，腹部背面、侧面和亚侧面各具1列黑点。前翅中室前角、近后缘处有3～4个黑色斑点。后翅中室端部和近臀角处也常有2～3个黑褐色斑点。前、后翅斑点数量略有变化。

分　　布 | 澳门、北京、河北、山东、陕西、甘肃、江苏、浙江、湖北、江西、湖南、福建、广东、四川、云南。

采集记录 | 路环。

102. 闪光玫灯蛾

Amerila astreus (Drury, 1773)

别　　名 | 玫腹灯蛾。

寄　　主 | 九里香。

形态特征 | 翅展40～74毫米。

头、胸部灰白色至褐灰色，颈板、翅基片、肩角及胸部具有成对的黑点。腹部背面玫瑰红色，侧面1列黑点。前翅褐灰色，基部有2个黑点；除顶角外的大部分半透明，翅脉褐灰色。后翅半透明，翅脉褐灰色；顶角处褐灰色。

分　　布 | 澳门、湖南、台湾、广东、海南、广西、四川、云南；越南、老挝、泰国、印度、缅甸、斯里兰卡、菲律宾、马来西亚、印度尼西亚、巴布亚新几内亚。

采集记录 | 路环。

（三）鹿蛾亚科 Ctenuchinae

103. 黄体鹿蛾

Amata (*Syntomis*) *grotei* (Moore, 1871)

形态特征 | 翅展约34毫米。

头部黑色；额黄色；触角黑色，尖端白色。颈板黄色；翅基片黄色；胸部黑色，具黄斑。腹部黑色，各节后缘为黄色宽横带。翅黑褐色，翅斑透明；翅基半部纵脉黄色；后翅基部黄色。

分　　布 | 澳门、广东、香港、广西、云南；泰国、缅甸。

采集记录 | 路环。

104. 滇鹿蛾

Amata atkinsoni (Moore, 1878)

形态特征 | 翅展26～30毫米。

体、翅黑色。腹部基部和中部具黄色条斑。前翅有6个透明斑，基部有1个，中部有2个，端部有3个。后翅透明斑约占翅面的一半，透明斑后部1/3黄色；透明斑顶角处另有1个微小斑，不明显。

分　　布 | 澳门、广东、云南。

采集记录 | 路环。

十、目夜蛾科 Erebidae

体小至大型。下颚须小；下唇须发达；无毛隆。鼓膜听器位于后胸；前、后翅M_2脉更接近M_3脉，属于四岔型。目夜蛾科包括了原夜蛾科部分成员，以及原拟灯蛾科、毒蛾科等，为鳞翅目中较大的科之一。

（一）毒蛾亚科 Lymantriinae

105. 榕透翅毒蛾

Perina nuda (Fabricius, 1787)

别　　名｜透翅榕毒蛾。

寄　　主｜榕树等桑科榕属植物。

生活习性｜幼虫取食叶片，轻则残缺不全，重则整株树叶被吃光。

形态特征｜雄性翅展30～38毫米，雌性翅展41～50毫米。

雌雄异型。雄性体、翅灰黑色；触角干棕色，栉齿黑褐色；胸部灰棕色；腹部黑褐色，节间灰棕色，腹末黄色；前翅透明，翅脉黑棕色，翅基部和后缘黑褐色；后翅黑褐色，顶角处透明呈椭圆形，后缘色浅。雌性体、翅淡黄色；触角干淡黄色，栉齿灰棕黄色；腹部末端黄色；翅散布褐色鳞片，前翅中室后侧褐色鳞片较密集，后翅褐色鳞片稍稀疏。

分　　布｜澳门、浙江、湖北、江西、湖南、福建、台湾、广东、香港、广西、四川、西藏；日本、印度、尼泊尔、斯里兰卡。

采集记录｜路环。

雌性

106. 条毒蛾

Lymantria dissoluta Swinhoe, 1903

别　　名｜川柏毒蛾。

寄　　主｜马尾松、油松、柏木、栎等。

形态特征｜雄性翅展32～36毫米，雌性翅展40～45毫米。

头、胸部黑褐色带灰色。腹部粉红灰色，散布黑褐色鳞片。前翅顶角稍圆；翅面灰棕色；内线、外线和亚端线不清晰，褐色，锯齿状，近翅前缘的部分略加粗；肾纹黑褐色，折线状；中线仅前缘部分可见，与肾纹相连；缘毛灰色与黑褐色相间。后翅浅灰棕色微带黄色，外缘稍暗；缘毛浅灰棕色与灰白色相间。

分　　布｜澳门、江苏、安徽、浙江、湖北、江西、湖南、福建、台湾、广东、香港、广西、四川、云南。

采集记录｜路环。

107. 虹毒蛾

Lymantria serva Fabricius, 1793

寄　　主｜榕树。

生活习性｜幼虫夜间活动；老熟幼虫在树干缝隙中结茧化蛹；成虫将卵产在树干缝隙中；卵块外被雌性腹部末端鳞毛。

形态特征｜雄性翅展33～39毫米；雌性翅展54～66毫米。

头部和胸部暗棕色；触角干暗棕色，栉齿黑色。腹部红色，雄性腹部端半部暗棕色，雌性仅腹末暗棕色。前翅暗棕色，散布灰色和深棕色鳞片，斑纹黑褐色较清晰；内、外线和亚端线锯齿状；肾纹折线状；翅前缘中央具1～2个黑色斜纹；缘毛灰白色与黑褐色相间。后翅浅灰棕色，翅外缘区褐色，斑纹略模糊；缘毛与前翅相似。

分　　布｜澳门、陕西、湖北、江西、湖南、福建、台湾、广东、广西、四川、云南；印度、菲律宾、马来西亚。

采集记录｜澳门半岛。

108. 珀色毒蛾

Pantana substrigosa (Walker, 1855)

别　　名｜橙毒蛾。

寄　　主｜竹。

形态特征｜雄性翅展28～32毫米，雌性翅展32～35毫米。

雄性触角干橙红色，栉齿黑褐色；下唇须、头、胸部橙红色；腹部和足橙黄色微带红色；前翅橙红色，外缘、中室前缘和后缘色深；后翅浅橙红色，缘毛灰褐色。雌性色浅，灰粉色微带浅棕色。

分　　布｜澳门、湖北、江西、湖南、福建、台湾、广东、海南、香港、广西、四川、云南；越南、印度。

采集记录｜路环。

雄性

雌性

109. 铅茸毒蛾

Dasychira chekiangensis Collentte, 1938

寄　　主｜黄槐等豆科植物。

形态特征｜翅展29～34毫米。

体棕褐色，触角干黄棕色，栉齿褐棕色。前翅黑褐色，散布浅紫色和黄褐色鳞片；内线暗褐色，不清晰；肾纹黄色，肾形；外线暗褐色锯齿形，不清晰；端线由1列黄棕色点组成；缘毛暗褐色与棕灰色相间。后翅淡褐色，横脉纹与外线色暗。前后翅反面淡褐色。

分　　布｜澳门、安徽、浙江、江西、福建、广东、海南、四川、云南。

采集记录｜路环。

110. 棉古毒蛾

Orgyia postica (Walker, 1855)

寄　　主｜棉花、荞麦、茶、花生，以及杧果、荔枝、苹果、龙眼、咖啡、柑橘、木麻黄、榄仁树、橡胶、蓖麻、柚木等多种果树苗木等。

形态特征｜雄性：翅展20～30毫米。

雌雄异型。雄性：体、翅棕褐色。触角干浅棕色，栉齿黑褐色。前翅中域和外域带有蓝灰色；基部有椭圆形黑褐色环斑；内线黑褐色，略呈波状，其外侧伴随浅色线；肾纹黑褐色，线状，内侧伴随白线；外线黑褐色，锯齿状，其内侧伴随浅色线；亚端线模糊，略呈乳白色；端线波状，黑褐色。后翅黑褐色，无斑纹。雌性：体淡黄色，无翅。

分　　布｜澳门、浙江、江西、湖南、福建、台湾、广东、海南、香港、广西、贵州、云南；日本；南亚、东南亚。

采集记录｜澳门半岛、氹仔、路环。

（二）拟灯蛾亚科 Aganainae

111. 一点拟灯夜蛾

Asota caricae (Fabricius, 1775)

寄　　主｜榕、无花果。

生活习性｜幼虫取食叶片；成虫吸食果汁。

形态特征｜雄性翅展46～60毫米，雌性翅展56～72毫米。

头、胸、腹部橙黄色，翅基片与后胸具黑点；腹部各节有黑带。前翅灰褐色，翅脉黄白色；基部橙黄色，有5个黑点；中室后角有1个小型白色斑点。后翅橙黄色，中室端具1个黑斑，其外侧有3个大小不一的黑斑；近外缘有时有1列小黑斑。

分　　布｜澳门、湖南、福建、台湾、广东、香港、广西、四川、云南；印度、斯里兰卡、澳大利亚；东南亚。

采集记录｜氹仔、路环。

112. 方斑拟灯夜蛾

Asota plaginota (Butler, 1875)

生活习性 | 对黍类作物造成危害。

形态特征 | 翅展56～76毫米。

前翅灰褐色，后翅黄色。前翅翅基橙黄色，上有黑点，翅脉白色；后翅端部、外线、亚端线均有黑斑。外形与一点拟灯夜蛾相似，但前翅基部黄斑较大，黑点明显，中室前角处有乳白色小斑点，后角处有1个近椭圆形大白斑。

分　　布 | 澳门、江西、湖南、台湾、广东、海南、香港、广西、四川、云南、西藏；日本、越南、泰国、印度、缅甸、尼泊尔、不丹、斯里兰卡、菲律宾、马来西亚、新加坡、印度尼西亚、巴布亚新几内亚。

采集记录 | 澳门半岛、氹仔、路环。

113. 圆端拟灯夜蛾

Asota heliconia (Linnaeus, 1758)

形态特征｜翅展48～62毫米。

头、胸、腹部黄色，翅基片与后胸具黑点，腹部各节有黑点或黑带。前翅黑灰色，翅脉略带黄白色；基部橙黄色，有几个黑点；中室后部有1条乳白色纵带，其端部略膨大且圆。后翅乳白色；中室端点与外线点黑褐色，有时没有这些黑斑；端带黑褐色，较宽，被乳白色翅脉分开。

分　　布｜澳门、上海、台湾、广东、海南、香港、广西；日本、印度、缅甸、菲律宾、澳大利亚；东南亚。

采集记录｜氹仔、路环。

114. 洒夜蛾

Psimada quadripennis Walker, 1858

形态特征｜翅展35毫米左右。

头部棕色。胸部背面灰黄色。腹部灰黄色带褐色。翅外缘明显弧曲。前翅基半部浅灰色；端半部棕褐色；基线和内线棕色波状；环纹为1个小黑点；中线棕色；肾纹为棕色窄环斑；外线棕色，锯齿形；前端外方有1个黑棕色带白边的三角形大斑；亚端线为1列小白点。后翅黑褐色，向外缘逐渐加深；近臀角处有1个梭形灰黄色斑；内线与中线黑棕色；亚端线仅可见近前缘部分，灰黄色，模糊。

分　　布｜澳门、河北、福建、广东、海南、广西、云南；印度、缅甸、斯里兰卡。

采集记录｜路环。

（三）长须夜蛾亚科 Herminiinae

115. 锯带疖夜蛾

Adrapsa quadrilinealis Wileman, 1914

形态特征 | 翅展32～34毫米。
体、翅赭褐色；雄性触角单栉状，雌性触角线状。前翅内线深褐色，圆齿状，在前缘区内侧伴衬灰白色短线；环纹灰白色点状；中线深褐色，锯齿状；肾纹灰白色弯月形；外线深褐色，锯齿状，在前缘区外侧伴衬灰白色短线；亚端线前半部灰白色，明显，后部模糊；外缘在M脉区具有灰黄色斑块。后翅中线深褐色，较模糊，前部具1个白色斑点；外线深褐色，锯齿状，外侧伴随浅色线；亚端线深褐色，模糊，外侧伴随隐约的灰白线。

分　　布 | 澳门、江西、台湾、广东、香港；越南、泰国。

采集记录 | 路环。

116. 荚翅亥夜蛾

Hydrillodes abavalis (Walker, 1859)

形态特征｜翅展29毫米。

雌雄异型。体、前翅灰褐色。前翅内线和外线之间浅黄褐色；雄性前翅近前缘有1个半圆的褶片；内线黑褐色，纤细，锯齿状；中线有时不明显；肾纹黑褐色点状；外横线黑褐色，纤细，锯齿状；亚端线黄白色，锯齿状。后翅浅褐色；中室端具深褐色线斑；外横线和亚端线深褐色，外侧伴衬浅色线，锯齿状。

分　　布｜澳门、台湾、海南、云南、西藏；越南、老挝、泰国、印度、斯里兰卡、马来西亚、印度尼西亚。

采集记录｜路环。

雄性

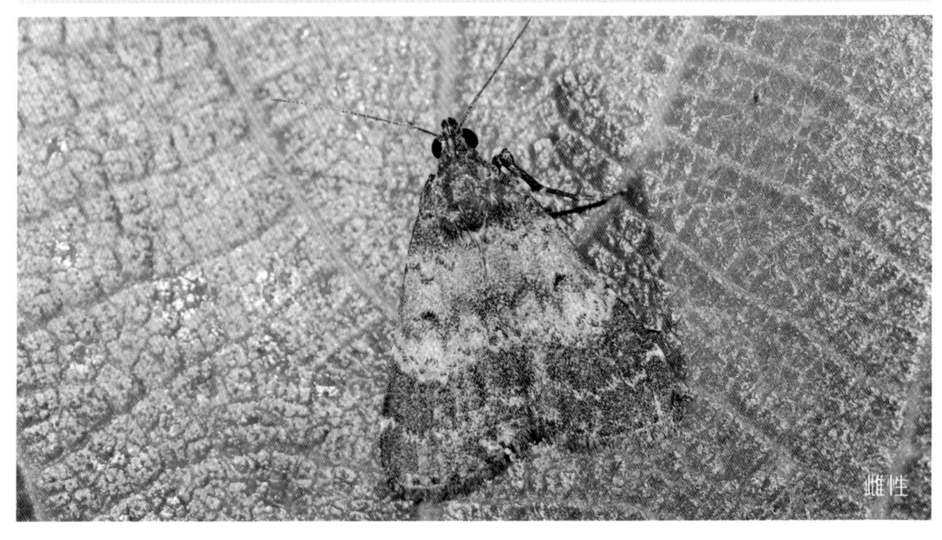
雌性

117. 弓须亥夜蛾

Hydrillodes repugnalis (Walker, 1863)

别　　名 | 化香夜蛾、黄纹淡黑夜蛾。

寄　　主 | 化香树（胡桃科）。

生活习性 | 合翅时头部尖狭，两翅部分相叠呈三角形。其粪便可作为虫茶（化香蛾金茶）。

形态特征 | 翅展19毫米。

体、翅黑褐色。前翅基部及外线外方色较深；内线褐色波曲；环纹为1个黑点；肾纹为1条黑色短线；中线褐色，波浪形；外线褐色，不规则波浪形；亚端线隐约可见，不规则波曲。后翅淡灰褐色，向外缘颜色渐深；肾纹深褐色，短小线状。

分　　布 | 澳门、山东、湖南、福建、台湾、广东、广西、西藏；日本、印度、斯里兰卡；东南亚。

采集记录 | 澳门半岛、氹仔、路环。

118. 异肾疽夜蛾

Nodaria externalis Guenée, 1854

形态特征 | 翅展30毫米左右。

头、胸、腹部及前翅暗褐色。前翅内、外线黑褐色，锯齿形；肾纹黑褐色，弯线状；亚端线为1列黑点且外侧衬褐黄色，翅外缘具1列黑点。后翅浅褐灰色；外线暗褐色；亚端线黄白色。

分　　布 | 澳门、福建、台湾、西藏；印度、缅甸、斯里兰卡、印度尼西亚、马来西亚、文莱。

采集记录 | 氹仔、路环。

119. 印贫夜蛾

Simplicia cornicalis (Fabricius, 1794)

形态特征 | 翅展20～38毫米。

体翅灰褐色。前翅内线、外线褐色，不清晰；肾纹褐色、线状；亚端线黄褐色，平滑，略凹；翅端具褐色点。后翅灰褐色，亚端线与前翅相似。

分　　布 | 澳门、台湾、广东；韩国、日本；印澳板块热带地区。

采集记录 | 氹仔、路环。

（四）眉夜蛾亚科 Pangraptinae

120. 乱纹眉夜蛾

Pangrapta shivula (Guenée, 1852)

形态特征 | 翅展29毫米。

体、翅灰黄褐色。翅外缘锯齿状。前翅亚基线、内线仅可见近前缘部分，为黑褐色短斜线；中线双线状，仅前缘部分为黑褐色双斜线，其余部分不清晰，褐色，略呈波状；外线仅见前半部分，黑褐色，略呈锯齿状；亚端线可见前部2/3，黑褐色，波状，内侧伴随乳白色线；外缘线黑褐色，锯齿状。后翅基部黑褐色，中线双线状，黑褐色；外线黑褐色，波状；亚端线棕色，略呈锯齿状；中线与外线，以及外线与亚端线间浅灰黄色，掺杂橘色鳞片；外缘线黑褐色，锯齿状。

分　　布 | 澳门、广东、广西、云南、西藏；越南、泰国；印澳板块热带地区。

采集记录 | 氹仔、路环。

（五）髯须夜蛾亚科 Hypeninae

121. 白斑卜髯须夜蛾

Hypena albopunctalis Leech, 1889

生活习性｜多分布于中海拔山区，不普遍。

形态特征｜翅展30～31毫米。

体、翅灰褐色。前翅外缘呈弧形弯曲；内线褐色，前后端内弯；肾纹呈黑褐色短线状或不明显；外线褐色且向内扩展，微波曲；亚端线黑色，点状间断，波浪形。后翅无明显斑纹。

分　　布｜澳门、浙江、湖北、台湾、海南、贵州；朝鲜、日本；克什米尔地区。

采集记录｜氹仔。

122. 马蹄髯须夜蛾

Hypena sagitta (Fabricius, 1775)

寄　　主 | 娃儿藤属植物。

形态特征 | 翅展34毫米左右。

头、胸部黑褐色。腹部灰黄色。前翅灰褐色，散布黑褐色鳞片，向端区渐加深为黑褐色；翅中部具1个马蹄形的黑棕色带紫色大斑，斑边缘灰白色。后翅黄色，端区有1条前宽后窄的黑棕色带。

分　　布 | 澳门、湖南、福建、台湾、广东、海南、香港、广西、贵州、云南；日本、印度、缅甸、斯里兰卡。

采集记录 | 氹仔、路环。

（六）涓夜蛾亚科 Rivulinae

123. 黑缘畸夜蛾

Bocula marginata (Moore, 1882)

形态特征 | 翅展27毫米。

体、翅浅灰黄色杂褐色。前翅前缘褐色；内线直，黑褐色；中线褐色，稍波曲；外线浅褐色，略内凹；端区黑褐色，内缘呈齿状弯曲。后翅散布灰褐色鳞片，向端区稍加深。

分　　布 | 澳门、广东、香港；越南、老挝、泰国、印度。

采集记录 | 氹仔、路环。

（七）棘翅夜蛾亚科 Scoliopteryginae

124. 小桥夜蛾

Anomis flava (Fabricius, 1775)

寄　　主｜棉、木槿、蜀葵、苘麻、冬苋菜、烟草、木耳菜、黄麻、木棉、黄葵、海岛棉、草棉、印度棉、大麻槿、沼泽地木槿、黄秋葵、百合、菜芙蓉、木芙蓉叶、朱槿、玫瑰茄、黄槿、野西瓜、翅果麻、桤叶黄花稔、心叶黄花稔、黄花稔、地桃花、野苹果、菜豆、黑吉豆、赤小豆、豇豆、番茄、烟草、番薯；成虫吸食柑橘、杧果、番石榴、黄皮等果汁。

形态特征｜翅展23～25毫米。

体、翅草黄色或灰黄色。前翅外缘中部微外突；端半部黄褐色；基线、内线、中线红棕色，内线在中室后有外凸的尖角，中线稍波曲；环纹白色，边线褐色；肾纹暗棕褐色，中部有2个黑点；中线与外线之间色暗；外线深褐色，锯齿形；亚端线暗褐色，不规则锯齿形；端线暗褐色。后翅淡褐色，向端部颜色渐加深为黑褐色。

分　　布｜澳门、吉林、辽宁、内蒙古、山东、河南、福建、台湾；俄罗斯（外贝加尔、远东南部）、韩国、日本、印度、马达加斯加、毛里求斯、新西兰；北美洲。

采集记录｜路环。

125. 中桥夜蛾

Gonitis mesogona Walker, 1858

寄　　主｜红悬钩、醋栗、木槿、黑醋栗、蓬蘽、多毛悬钩子、炮烙莓、日本黑莓、五色梅、杧果、黄皮、柑橘等。

生活习性｜成虫吸食杧果、黄皮、柑橘等果汁。

形态特征｜翅展40～49毫米。

头、胸部、前翅红棕色。腹部灰褐色，各节后缘色浅。前翅外缘中部外突呈钝齿状；翅面散布黑褐色斑点，斑纹紫红褐色，内或外衬浅色边；基斑短线状；亚基线模糊；内线稍弧；环纹为1个白点；肾纹短线状，在前、后端有时加粗为黑褐色斑点；外线前半部近弧形，后半部近直；亚端线略呈波曲的模糊带状，内侧较晕散。后翅褐色，向端部颜色渐加深。

分　　布｜澳门、黑龙江、吉林、河北、山东、浙江、湖北、江西、湖南、福建、台湾、广东、海南、四川、贵州、云南；俄罗斯（远东以南）、韩国、日本、印度、尼泊尔、斯里兰卡、巴基斯坦；东南亚、大洋洲、美洲。

采集记录｜氹仔、路环。

126. 巨仿桥夜蛾

Rusicada leucolopha (Prout, 1928)

别　　名 | 莱如斯夜蛾。

寄　　主 | 华东椴、木槿属等植物。

形态特征 | 翅展50～51毫米。

头、胸部灰红色至橘红色。腹部灰褐色或黑褐色，散布淡橘红色鳞片。前翅外缘中部突出；翅面橘红色至暗橘红色，散布深红色和灰黄色鳞片；斑纹多为深红色，基斑略呈点状，内线波浪形外斜，外线波浪形内斜；环纹为具深红色环的白斑点；肾纹为具深红色环的灰褐色斑；亚端线浅黄色，波状，内衬褐色模糊带；亚端区、端区处的翅脉灰褐色。后翅深灰色至灰褐色。

分　　布 | 澳门、江西；泰国、印度尼西亚。

采集记录 | 路环。

（八）壶夜蛾亚科 Calpinae

127. 嘴壶夜蛾

Oraesia emarginata (Fabricius, 1794)

寄　　主 | 锡生藤、毛木防己、木防己、番石榴、龙眼属、番薯属等植物。

生活习性 | 成虫刺吸汁液，造成果实腐烂和落果，为果树害虫。

形态特征 | 翅展34～40毫米。

头部红褐色杂黄色，下唇须鸟嘴形。胸部褐色。腹部灰褐色。前翅翅尖钩形，外缘中部圆突，后缘中部呈圆弧形内凹；翅面棕褐色，具斑驳状深褐色不规则斑；中线黑褐色，略直；外线暗褐色，模糊，前半部外弯；2条黑褐色夹杂灰白色的线自顶角内斜至翅中部。后翅褐灰色，向端区渐加深，翅脉暗褐色。

分　　布 | 澳门、吉林、辽宁、山东、江苏、浙江、福建、台湾、广东、海南、广西、云南；俄罗斯（远东）、韩国、日本、印度、尼泊尔、巴基斯坦、阿曼；东南亚、非洲东部。

采集记录 | 氹仔、路环。

128. 乌嘴壶夜蛾

Oraesia excavata Butler, 1878

寄　　主 | 葡萄、木防己、柑橘、荔枝、龙眼、黄皮、枇杷、桃等。

生活习性 | 幼虫为害葡萄、木防己，造成叶片出现缺刻与孔洞。成虫吸取成熟果实的汁液，如柑橘、荔枝、龙眼、黄皮、枇杷、葡萄、桃等，常导致巨大的经济损失，为重要的农业害虫。

形态特征 | 翅展49～51毫米。

头、胸部和前翅棕褐色至赤橙色。腹部灰黄色，后半部带褐色。前翅翅尖钩形，外缘中部圆突，后缘基半部外凸，中部呈圆弧形内凹；翅面具多条线纹；中室后缘为黑褐色横纹；2条黑褐色夹杂灰白色的线自顶角内斜至翅中部。后翅浅黄色，端区微带褐色且翅脉呈黑褐色。

分　　布 | 澳门、山东、江苏、浙江、湖南、福建、台湾、广东、香港、广西、云南；朝鲜、日本。

采集记录 | 氹仔、路环。

129. 肖金夜蛾

Plusiodonta coelonota (Kollar, 1844)

寄　　主｜柑橘、水蜜桃、秋白梨、葡萄等。

生活习性｜成虫取食果实。

形态特征｜翅展30毫米左右。

头、胸部黄褐色或棕褐色。腹部暗褐灰色。前翅黄褐色或棕褐色，基部灰褐色；基斑黄白色，波形；内线黑褐色，模糊带状；中线黑褐色波状，有时内衬浅紫色；肾纹弯月形，具浅黄色和褐色边；外线双线，内侧线黑色，外侧线褐色，在前部向外突出形成尖角；亚端区有3个浅黄色带褐色边的斑块；近顶角处有1条黑棕色线纹；端线为白色波状纹。后翅暗褐灰色。

分　　布｜澳门、福建、香港及华东地区；印度、缅甸、斯里兰卡、印度尼西亚。

采集记录｜路环。

130. 凡艳叶夜蛾

Eudocima phalonia (Linnaeus, 1763)

寄　　主 | 苹果、葡萄、猕猴桃、柑橘、桃、梨、李子、柿子和番茄等。

生活习性 | 幼虫以树木、藤蔓和灌木的叶片为食。

形态特征 | 翅展93～96毫米。

雌雄异型。雄性：头、胸部和前翅赭褐色，腹部褐黄色。前翅后缘基部略突出；翅脉上布有黑色、白色细点；内线红棕色，略呈波浪形；环纹为微小的褐色斑点；肾纹褐色，明显；外线褐色，明显内斜；内外线之间灰褐色；亚端线直，褐色或灰黄色，内斜，后半不明显，中段外侧带暗绿色。后翅橘黄色，端区1条黑色宽带，其外缘与缘毛上的黑斑合成锯齿形；近臀角处有1个黑色逗号形大斑。雌性：前翅略带苔藓绿色调，斑纹更清晰；环纹稍大，黑色；肾纹黑褐色，近三角形；中室后有黑褐色大斑。

分　　布 | 澳门、黑龙江、吉林、辽宁、山东、江苏、安徽、浙江、湖北、江西、湖南、福建、台湾、广东、海南、香港、广西、四川、云南；俄罗斯（远东南部）、韩国、日本、印度、尼泊尔、澳大利亚、新西兰；东南亚、非洲中部。

采集记录 | 澳门半岛、氹仔、路环。

雄性

雄性

雌性

131. 艳叶夜蛾

Eudocima salaminia (Cramer, [1777])

寄　　主 | 柑橘、苹果、葡萄、枇杷、杨梅、柿、栗等植物的果实。

生活习性 | 生活在低、中海拔山区。具趋光性。成虫吸食果实汁液，尤其是近成熟或成熟果实。

形态特征 | 翅展76～80毫米。

头、胸部背面褐绿色，带有紫灰色。腹部橙黄色。前翅顶角中央至翅后缘近基部具1条弧形的斜向分界线，线前内侧灰白色，布有暗棕色细纹，近翅前缘渐带绿色；近翅外缘有1条分界线，线外方灰白色，布有暗棕色细纹；翅面其余部分为金绿色，近后缘有1条褐色细横线。后翅与凡艳叶夜蛾相似，但端区黑色带稍窄；近臀角处大斑窄而弯。

分　　布 | 澳门、黑龙江、吉林、辽宁、内蒙古、北京、天津、河北、山西、江苏、浙江、湖北、江西、湖南、福建、台湾、广东、广西、四川、云南；印度；非洲、大洋洲、南太平洋诸岛。

采集记录 | 澳门半岛。

132. 镶艳叶夜蛾

Eudocima homaena (Hübner, [1823])

别　　名 | 镶落叶夜蛾。

寄　　主 | 蝙蝠葛、木防己属植物。

生活习性 | 分布于低、中海拔山区；幼虫头胸部习惯与腹部叠合，色彩艳丽。

形态特征 | 翅展65～70毫米。

雌雄异型。雄性前翅灰褐色，形似枯叶。雄性与凡艳叶夜蛾外形相似，但是头、胸部、前翅大部分红褐色。雌性（在澳门调查中未采到）与雄性的差别主要为前翅略带苔藓绿色调，肾纹后半部绿色；中后部具1条绿色宽带从翅基部伸达亚外缘。雌性与凡艳叶夜蛾差别非常明显。

分　　布 | 澳门、台湾、海南、广西；印度、缅甸、菲律宾、马来西亚等。

采集记录 | 路环。

（九）鹰夜蛾亚科 Hypocalinae

133. 鹰夜蛾

Hypocala deflorata (Fabricius, 1794)

形态特征 | 翅展49～53毫米。

头、胸部灰褐色，掺杂黑褐色鳞片。腹部前半部灰褐色，后半部黄色具黑带。前翅烟褐色，前半部至外线区域略带棕色，散布短线斑；内线黑褐色，后部较明显；肾纹为黑褐色环斑；外线锯齿状，前半部棕褐色，后半部黑褐色；亚端线黑褐色，锯齿状；端线黑褐色，略波曲。后翅黄色，前缘、外缘和后缘大部分黑褐色，中室端部具1个大黑斑，亚中褶具1条黑色纵条斑。

分　　布 | 澳门、河北、山东、江西、福建、台湾、广东、海南、香港、四川、贵州；俄罗斯、朝鲜、韩国、日本、越南、泰国、印度、尼泊尔、斯里兰卡、印度尼西亚、美国（夏威夷）；非洲。

采集记录 | 路环。

134. 苹梢鹰夜蛾

Hypocala subsatura Guenée, 1852

寄　　主 | 苹果、梨、李、柿、栎等。

形态特征 | 翅展38～42毫米。

头、胸部灰褐色。腹部黄色有黑棕色横条。前翅红棕色带灰色，密布黑棕色细点，前缘近顶角处有灰黄色大斑块；内线、外线棕色，波浪形外弯；肾纹具黑边；亚端线棕色，前段不清，中段外突；端线黑褐色。后翅黄色，中室端部具1个大黑斑，亚中褶具1条黑色纵条斑，端区具1条黑宽带，外缘近中部具1个黄色圆斑，近臀角处有小黄斑。

分　　布 | 澳门、辽宁、内蒙古、河北、山东、河南、陕西、甘肃、江苏、浙江、福建、台湾、广东、海南、云南、西藏；日本、印度、孟加拉国。

采集记录 | 路环。

135. 红褐鹰夜蛾

Hypocala violacea Butler, 1879

形态特征 | 翅展50毫米左右。

头、胸部红褐色带紫色。腹部黄色，基部几节背面带褐色，其余各节背面有黑色横条。前翅红棕色带有紫色，散布零星黑点及暗褐色波浪形细纹，前缘近顶角处色浅；各横线及肾纹均不明显，环纹为1个黑色斑点，被浅红棕色斑块包围；外缘近臀角处有1个带灰白色边的黑色斑点。后翅与苹梢鹰夜蛾相似，黑褐色区域更大。

分　　布 | 澳门、台湾、云南；印度、巴布亚新几内亚。

采集记录 | 氹仔。

（十）菌夜蛾亚科 Boletobiinae

136. 棕红辛夜蛾

Singara diversalis Walker, 1865

形态特征 | 翅展37毫米。

体、翅棕红色；头部颜色更深，下唇须长；腹部颜色稍浅，后部各节末端有浅色线。前翅内线内侧散布黄色鳞片；内线深棕红色；肾纹双点状具黄边；外线锯齿状，深棕红色，外侧隐约伴随黄线；亚端线锯齿状，有时颜色深于外线，外侧隐约伴随黄线；外缘具1列不明显的黑褐色斑点。后翅外线和亚端线似前翅。

分　　布 | 澳门、广东、香港；越南、泰国、印度、缅甸、不丹、印度尼西亚、孟加拉国；喜马拉雅山脉东北部地区。

采集记录 | 路环。

137. 瘤斑飒夜蛾

Saroba pustulifera Walker, 1865

形态特征｜翅展31毫米。

头部乳白色。胸部红棕色。腹部黄褐色，前部具白斑，杂有红棕色鳞片。前翅红棕色，内线以内、外线和亚端线区域具不规则瘤状白斑，斑上散布红色鳞片；端线为1列褐色小点。后翅红棕色，翅基及臀角处具散布红棕色鳞片的白斑；端线为1列褐色小点。

分　　布｜澳门、广东、香港；越南、泰国、印度、斯里兰卡、菲律宾、印度尼西亚。

采集记录｜路环。

138. 戴夜蛾

Lopharthrum comprimens (Walker, 1858)

形态特征 | 翅展45毫米左右。

头部紫红棕色。胸部淡紫褐色。腹部暗褐色，基部背面有1个淡黄色斑。前、后翅外缘中部略突出，浅红棕色。前翅基线褐色；内线由1列不整齐的黑棕色点组成；环纹为1个黑点；肾纹窄长，暗棕色；外线为细弱的不规则波曲的褐色线；亚端区有1列大小不等的淡黄色斑。后翅具褐色横脉纹；外线为微波曲的褐色线；亚端区后部2/3具淡黄色大斑块，斑上散布橘色鳞片。

分　　布 | 澳门、广东、海南、广西；印度、印度尼西亚。

采集记录 | 路环。

139. 赭灰勒夜蛾

Laspeyria ruficeps (Walker, 1864)

形态特征 | 翅展20毫米左右。

体、翅淡赭灰色杂有深棕色。前、后翅向端部颜色逐渐加深为黑褐色，翅面散布黑褐色细点。前翅中线模糊，仅近前缘部分明显，黑褐色；肾纹黑色，由3个黑点组成；外线灰色伴随浅黄线，前半部明显外弯；翅外缘有1列黑点。后翅横脉纹为1个黑点；外线灰色伴随浅黄线，略呈弧形；翅外缘有1列黑点。

分　　布 | 澳门、黑龙江、吉林、辽宁、四川、台湾；韩国、日本、印度尼西亚、马来西亚、斯里兰卡、印度、尼泊尔。

采集记录 | 澳门半岛、氹仔、路环。

140. 麻斑点夜蛾

Metaemene atrigutta (Walker, 1862)

生活习性 | 主要分布于低海拔山区，白天可见于草丛或叶面栖息。

形态特征 | 小型，翅展约18毫米。

体褐色。翅浅灰褐色或灰白色。前翅翅面内有3个黑色圆斑，前缘具3～7个大小不一的黑斑排列；外缘有3个黑斑。后翅无斑纹。

分　　布 | 澳门、香港等。

采集记录 | 澳门半岛、氹仔、路环。

141. 月蝠夜蛾

Lophoruza lunifera (Moore, 1885)

形态特征 | 翅展26毫米。

头、腹部棕褐色。胸部粉褐色。前翅有1条黑褐色斜线从顶角至后缘基部，将翅面分为粉褐色的前半部分和棕褐色的后半部分；内线、中线和外线褐色，略模糊；亚端线灰黄色，在中部外凸，前半部内侧伴随白色和黄色眉毛形斑纹。后翅棕褐色略带灰色调；横脉纹褐色；外线与前翅外线相似；亚端线为灰黄色细线，后半部内侧具几个小三角形的黑褐色斑，近臀角处有1个黑褐色斑点。

分　　布 | 澳门、广东；印度、斯里兰卡。

采集记录 | 路环。

142. 库氏蝠夜蛾（中国新记录种）

Lophoruza kuehni (Holloway, 2009)

形态特征 | 翅展21毫米。

头、胸部红褐色。腹部前半段红褐色，后半段橄榄绿色。前翅有1条折线，将翅面大致分为前半红褐色，后半橄榄绿色；近外缘有1个红褐色的三角形斑；肾纹为短的波状线；外线为1条白色波状纹，内侧伴衬墨绿色纹，外侧伴衬淡褐色纹；亚端线白色，略呈锯齿状，两侧伴衬褐色斑纹；端线为1列黑色的刻点。后翅橄榄绿色，大部分散布黑色和白色鳞片；中线褐色，波状；外线为白色的锯齿状纹，内侧伴衬红褐色纹，外侧伴衬黄褐色纹；端线为1列黑色刻点。

分　　布 | 澳门；泰国、马来西亚、印度尼西亚。

采集记录 | 路环。

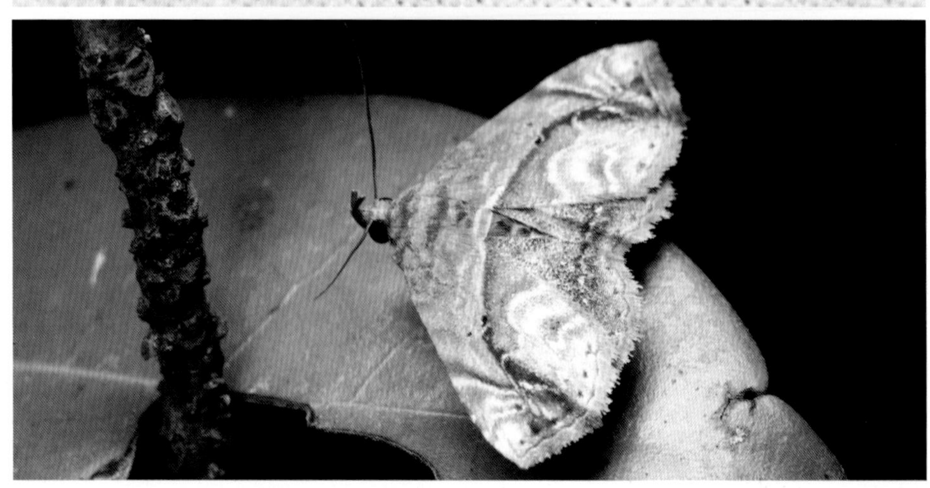

（十一）谷夜蛾亚科 Anobinae

143. 婆罗尖裙夜蛾

Crithote pallivaga Holloway, 2005

形态特征 | 翅展15～17毫米。

头部暗褐色。胸、腹部灰褐色。前翅基部褐灰色，约呈三角形，具有1个近似平行四边形的黑斑；内线褐色，呈外凸的弧形；外线略发白，呈内凹的弧形，至翅外缘部分黑褐色，向端区色渐浅；亚端线为1列断续的黑褐色点。后翅褐色。

分　　布 | 澳门、海南、广西、云南；泰国、马来西亚、文莱、印度尼西亚。

采集记录 | 氹仔、路环。

（十二）目夜蛾亚科 Erebinae

144. 离优夜蛾

Ugia disjungens Walker, 1858

形态特征 | 翅展33毫米左右。

雌性体、翅灰褐色，散布褐色鳞片。前翅前缘约3/5处具1个褐色斑块；基部颜色稍深；内线灰褐色，模糊，略呈弧形；环纹为深褐色点；肾纹深褐色，短线状；外线深褐色内斜，外侧衬褐色线；亚端线模糊，略呈波状；端线为1列黑褐色小点。后翅外线、亚端线和端线与前翅相似。

分　　布 | 澳门、广东、香港；越南、泰国、新加坡、马来西亚、印度尼西亚。

采集记录 | 澳门半岛、氹仔、路环。

雌性

145. 线元夜蛾

Avitta fasciosa (Moore, 1882)

形态特征 | 翅展44～49毫米。

体、翅褐色。前翅翅面有5～6条粗细不一、略模糊的黑褐色横带；基线和亚基线宽短，内线纤细波状，中线稍粗，外线、亚端线和端线纤细，亚端线和端线之间的前半部有时形成褐色斑块，这些线斑多数不达前、后缘；肾纹为褐色环斑。后翅无斑纹。

分　　布 | 澳门、台湾；日本、泰国、越南、印度、印度尼西亚、马来西亚、文莱。

采集记录 | 氹仔、路环。

146. 沟翅夜蛾

Hypospila bolinoides Guenée, 1852

寄　　主 | 合欢。

形态特征 | 翅展约33毫米。

头部褐色。胸部黑褐色。腹部与前、后翅灰褐色。前翅有霉绿色调；内线、外线黑褐色，锯齿状；环纹为1个黑点；肾纹中央1个白点，外围褐色晕散；亚端线灰黄色，外侧深褐色向外晕散，较平直。后翅外线和亚端线与前翅相似。

分　　布 | 澳门、山东、湖南、台湾、广东、海南、云南；日本、印度、斯里兰卡、菲律宾、马来西亚、印度尼西亚。

采集记录 | 澳门半岛。

147. 树皮乱纹夜蛾

Anisoneura aluco (Fabricius, 1775)

形态特征 | 翅展约106毫米。

头、颈板黑棕色；翅基片棕色，后半具1条黑线。腹部暗棕色。前翅褐棕色夹杂大片的深灰褐色区域，以中部和外缘区最明显；前缘带大部分灰白色，具黑色斑块；翅面斑纹密集，大致呈内斜向平行；基线深灰褐色，宽带状；内线黑褐色；环纹暗灰绿色；中线双线状，深灰褐色，锯齿形；肾纹棕色，后缘黑色，两侧及后方有黄点；外线黑褐色，锯齿形，内侧衬白色；亚端线双线状，黑褐色，线间灰黄色，锯齿形，前1/3处内侧具1个椭圆形黑斑；端线黑色，外侧伴衬棕褐色，前半部呈断开、斜行的短线状，后半部波状。后翅褐棕色；中线模糊，黑褐色；外线黑褐色，伴随浅色线，锯齿形；亚端线黑色，外衬棕色带较平直；端线黑色，微波状。

分　　布 | 澳门、福建、海南、四川、云南、西藏；越南、印度、缅甸、马来西亚、新加坡。

采集记录 | 氹仔。

148. 诶目夜蛾

Erebus ephesperis (Hübner, [1823])

寄　　主 | 红毛丹、龙眼、柑橘。

生活习性 | 幼虫以红毛丹果实为食；成虫吸食红毛丹、龙眼、柑橘。

形态特征 | 翅展约110毫米。

头、胸部紫褐色。腹部浅褐色，前部有白色横条纹。前翅内半部分紫褐色，外半部分浅褐色；内线黑褐色，内侧伴衬灰黄色线纹，弧形弯至后缘基部；翅面中央有1个带黑边的大圆斑，圆斑内侧为弯月形带黑边的黄褐色斑，其后端带蓝色鳞片和黑褐色斑块；大圆斑外侧半包1条白色宽带，呈弧形伸至后缘基部；外线为白色线状，略呈齿状；前缘近顶角端有1个近三角形白斑；亚端线灰白色，伴衬紫褐色斑纹，深锯齿状。后翅基部内线内侧为白色宽带；内线褐色，外侧伴衬灰黄色线纹；内线和外线之间紫褐色至黑褐色；外线粗，锯齿状，白色，外侧伴衬灰蓝色宽带；外线至外缘浅褐色；亚端线与前翅相似。

分　　布 | 澳门、浙江、湖北、江西、湖南、福建、台湾、广东、海南、香港、广西、四川、云南；韩国、日本、越南、泰国、印度、尼泊尔、斯里兰卡、马来西亚、印度尼西亚。

采集记录 | 路环。

149. 厚夜蛾

Erygia apicalis Guenée, 1852

寄　　主 | 刀豆。

形态特征 | 翅展35毫米左右。

头部灰白色。胸部灰褐色。腹部黑褐色带灰色。前翅灰褐色，密布横线纹而呈斑驳状；基线、内线及外线黑色，基线、内线均为双线，两线前段及内线双线间黑棕色；中线模糊，褐色；中线和外线之间的前半部分呈浅黄褐色大斑状；外线三线锯齿形；亚端线棕褐色，锯齿形，线间微白，其内侧端部具1条黑纹，外侧为1列衬白的黑点；端线黑褐色，锯齿状。后翅灰褐色；端线与前翅相似。

分　　布 | 澳门、湖南、福建、海南、四川；朝鲜、日本、印度；大洋洲。

采集记录 | 氹仔、路环。

150. 合夜蛾

Sympis rufibasis Guenée, 1852

寄　　主 | 无患子科植物。

形态特征 | 翅展41毫米左右。

头、胸部红褐色。腹部灰棕色，基部有红褐色鳞片。前翅中线内侧红褐色，外侧紫褐色；环纹为1个黑点；中线直，略内斜，双线棕色，线间蓝白色；肾纹淡紫褐色，具黑边且内侧有蓝白色纹；肾纹外方有1个红褐色椭圆形大斑；亚端线隐约，为黑褐色不规则波曲线；翅外缘带有灰白色，并有1列黑点。后翅黑棕色，基半部色较浅；中部有1条白色模糊斑带；翅外缘带有灰白色并有1列黑点。

分　　布 | 澳门、福建、海南、云南；印度、缅甸、斯里兰卡、印度尼西亚。

采集记录 | 氹仔、路环。

151. 铃斑翅夜蛾

Serrodes campana Guenée, 1852

寄　　主｜无患子。

形态特征｜翅展77毫米左右。

头、胸部灰褐色，略带紫色调。腹部褐灰色。翅外缘锯齿状。前翅灰褐色略带紫色调，外线内侧有时颜色稍浅，端区布有细碎纹；基线为2个黑斑；内线黑色，波状，后端外突，前端及亚中褶内侧各具1个黑斑；环纹为1个微小的黑点；肾纹褐色，以断续的细白边围着一簇褐斑和黑斑；中线波形，不清晰，前端外侧具不规则褐色斑块；外线双线黑色，线间黄棕色，前端内侧具1个三角形小黑斑；亚端线浅褐色大波曲，不清晰；翅外缘具1列白点。后翅灰褐色，内半部色浅；外线为1条白色粗线；亚端线为1条模糊的白色斑带。

分　　布｜澳门、浙江、广东、海南、广西、四川、云南；印度、缅甸、斯里兰卡、印度尼西亚、孟加拉国；非洲、大洋洲。

采集记录｜氹仔。

152. 短带三角夜蛾

Trigonodes hyppasia (Cramer, 1779)

形态特征 | 翅展34～40毫米。

体、翅灰褐色；胸部颜色稍深，具2条黑褐色纵条斑；腹部稍浅。前翅中部有1个棕黑色三角区，该区域前缘中央至臀角有1条白色斜向短带，三角区外侧衬白色短带；亚端线微波浪形，褐色，内侧衬黑褐色宽带；端线黑色，波曲。后翅外线与亚端线为模糊的黑褐色带；端线同前翅。

分　　布 | 澳门、湖北、江西、福建、台湾、广东、广西、四川。

采集记录 | 路环。

153. 斜线关夜蛾

Artena dotata (Fabricius, 1794)

寄　　主｜柑橘。

形态特征｜翅展57～60毫米。

头、胸及前翅棕色，胸部中线处具1条乳白色细纵纹。腹部灰棕色。前翅布有黑褐色细点，外区色深，端区灰白色；翅基具2个褐色小斑；内线灰黄色，外斜至后缘中部；环纹为1个黑棕色点；肾纹为2个黑环斑；外线灰黄色，微波浪形，后端伸达近臀角处；亚端线直、黑棕色；端线双线波浪形。后翅黑棕色，外缘稍带浅蓝色调；中部具1条蓝白色弯带；端线与前翅略相似。

分　　布｜澳门、河南、陕西、江苏、浙江、湖北、江西、湖南、福建、台湾、广东、四川、贵州、云南；印度、缅甸、新加坡。

采集记录｜澳门半岛、氹仔、路环。

154. 枯肖毛翅夜蛾

Thyas coronata (Fabricius, 1775)

形态特征 | 翅展76～80毫米。

头部、胸部、前翅褐色。胸部背面具2条黑褐色细纵纹。腹部黄色，有黑横纹。前翅基线深褐色，内侧伴衬浅色线，仅伸至翅中部；内线深褐色，外侧伴衬浅色线，略呈内凹的弧形；环纹为1个灰褐色小环斑；肾纹为1个不规则黑斑，具浅色细环纹；外线褐色，内侧伴衬浅色点列，前后端稍内斜；亚端线黄白色，内斜；翅外缘具1列黑点。后翅黄色；中线为短宽黑带；外线为宽黑带，前宽后窄。

分　　布 | 澳门、广东、香港；印澳板块热带地区。

采集记录 | 氹仔、路环。

155. 同安钮夜蛾

Ophiusa disjungens (Walker, 1858)

寄　　主｜桃金娘科桉属植物。

生活习性｜分布于低海拔山区。

形态特征｜翅展68毫米左右。

头浅黄色。胸和前翅黄褐色，有时带粉红色调。腹部黄色。前翅散布微小细点；端区赤褐色；内线浅黄色，波状外斜；环纹为1个黑褐色点；肾纹具褐色边，中有暗褐色纹；外线浅黄色，有时伴衬褐色斑点，稍波折；亚端线双线，褐色，稍间断，外侧线前端具1个锯齿形黑斑；翅外缘具1列黑点。后翅黄色，端区具1条黑色宽条。

分　　布｜澳门、广东、海南、广西；越南、印度、斯里兰卡、菲律宾。

采集记录｜氹仔、路环。

156. 安钮夜蛾

Ophiusa tirhaca (Cramer, 1777)

寄　　主 | 乳香树、漆树。

生活习性 | 成虫吸食多种果汁。

形态特征 | 翅展67～70毫米。

头、胸部及前翅大部分黄绿色。腹部黄色。前翅有褐色碎纹，呈网格状；端区褐色；内线褐色，纤细，外斜至后缘中部；环纹为1个微小的黑点；肾纹褐色；外线波状内斜，在前端具1个半圆形黑褐色斑，后端与内线相遇；亚端线暗褐色，不整齐锯齿形，前端外侧有黑齿纹；端线黑褐色，锯齿形。后翅黄色，亚端线为黑褐色宽带。

分　　布 | 澳门、山东、陕西、江苏、浙江、湖北、江西、福建、广东、海南、广西、四川、贵州、云南；印度、斯里兰卡、菲律宾；亚洲西部、欧洲、非洲。

采集记录 | 路环。

157. 直安钮夜蛾

Ophiusa trapezium (Guenée, 1852)

形态特征 | 翅展55毫米左右。

头、胸部及前翅赭黄色。腹部浅褐色。前翅散布黑色细点，端区带紫灰色；内线褐色，纤细，外斜；环纹为1个棕色点；肾纹灰褐色，边缘棕色，中有黑曲纹；外线褐色内弯，后端与内线相遇；亚端线双线棕色，具黑褐色点；端线黑褐色锯齿形。后翅浅赭黄色，端区具1条黑褐色宽带；端线黑褐色波浪形。

分　　布 | 澳门、广东、海南、香港、广西、云南、西藏；印度、斯里兰卡、新加坡、孟加拉国。

采集记录 | 路环。

158. 人心果阿夜蛾

Achaea serva (Fabricius, 1775)

寄　　主｜人心果。

形态特征｜翅展62～80毫米。

头、胸部及前翅棕褐色。腹部暗灰色。前翅基线褐色外侧伴衬灰黄色线，波状，仅前半部分可见；内线黑棕色双线状，波浪形外斜；环纹为1个黑点；肾纹褐色环状，模糊，有时仅前、后端可见1个黑点；中线黑棕色波浪形，较模糊；外线与中线近似平行，黑棕色，波浪形；亚端线隐约可见，灰黄色带状，端区色较浓。后翅棕黑色，臀角处具黄棕色带蓝灰色斑块；中部具1条白条纹，顶角、外缘中部及近臀角处各有1个白斑。

分　　布｜澳门、福建、广东、海南、云南；印度、缅甸、新加坡、马来西亚、印度尼西亚；非洲东部、大洋洲。

采集记录｜澳门半岛、氹仔、路环。

159. 飞扬阿夜蛾

Achaea janata (Linnaeus, 1758)

寄　　主｜蓖麻、飞扬草、木薯等。

生活习性｜幼虫食叶成缺刻或孔洞，啃食嫩芽幼果及嫩茎表皮，严重的可被吃光；成虫吸食柑橘、杧果果实汁液。

形态特征｜翅展51～54毫米。

头、胸部灰黄褐色。腹部灰褐色或黑褐色。前翅浅灰褐色；基线黑色外斜，仅前半部分可见；内线为双线，内侧线棕色，外侧线黑褐色，外斜；肾纹前、后端各具1个黑点；外线为双线，内侧线褐色伴随灰黄色，外侧线黑褐色，二者之间褐色，整体呈波状；外线与亚端线之间黄褐色；亚端线灰黄色，略呈波状；端线纤细，略呈波状，有时呈现为1列黑点。后翅棕黑色，基部灰褐色；中部1条楔形白带；顶角和外缘中部各有1个白斑，臀角有1条白色窄纹，其内侧有浅褐色小斑。

分　　布｜澳门、山东、湖北、湖南、福建、台湾、广东、广西、云南、西藏等；日本、印度、缅甸、马来西亚；南太平洋、大洋洲。

采集记录｜路环。

160. 赘夜蛾

Ophisma gravata Guenée, 1852

寄　　主 | 柑橘。

生活习性 | 成虫吸食柑橘果汁。

形态特征 | 翅展约58毫米。

头部褐黄色。胸部背面赭黄色。腹部淡褐黄色带灰色，端部带赤褐色。前翅淡褐黄色，布有棕色细点；中线暗棕色，伴衬灰白色线，略内凹；外线模糊，暗褐色带状，稍波曲；中线与外线之间色较淡；亚端线模糊，褐色带状，锯齿形内斜；端线由1列黑点组成。后翅淡黄色；亚端区有1条黑棕色宽带，后半部窄缩。

分　　布 | 澳门、江苏、浙江、江西、湖南、福建、广东、海南、香港、云南；日本、印度、缅甸、马来西亚、新加坡、新几内亚岛、澳大利亚。

采集记录 | 路环。

161. 失巾夜蛾

Dysgonia illibata (Fabricius, 1775)

形态特征｜翅展58毫米左右。

头部褐色。胸部和前翅红棕色。腹部黑褐色。前翅基线仅前半段可见，棕色，两侧淡褐色；内线棕色，较直，外斜，两侧淡褐色；环纹只见1个微小白点；肾纹灰褐色，中有棕色曲纹；外线黑棕色，波浪形，两侧伴衬红褐色宽带；亚端线红褐色，波状；顶角1个近半圆形大黑斑，内缘衬白线；端区紫灰色。后翅黑褐色；中部具1条细弱模糊的粉蓝色斑；亚端线黄白色带状，模糊，仅后半部可见；端区灰白色带紫色。

分　　布｜澳门、湖北、台湾、广东、海南、广西、云南；日本、印度、缅甸、斯里兰卡、新加坡。

采集记录｜氹仔、路环。

162. 柚巾夜蛾

Dysgonia palumba (Guenée, 1852)

寄　　主 | 柚、葎草。

形态特征 | 翅展40～43毫米。

头部、翅灰褐色。前翅基半部带有紫色并散布黑褐色细点；基线黑色仅在前缘区可见1条外曲弧纹；内线黑褐色，自前缘脉波曲外斜至中室而后间断；环纹黑褐色点状；肾纹暗褐色圆形；外线黑褐色，大部分为间断的点列，仅前缘部分线状，明显外斜；外区前缘脉上有1列白纹；亚端线淡褐色微波浪形内斜；近翅外缘有1列黑点。后翅外线内侧略带紫色调；中线褐色，微波浪形内斜；外线褐色，锯齿形，后半为1列月牙形白斑，其外侧具1个丘形褐色斑块；臀角有2列褐点。

分　　布 | 澳门、台湾、广东、海南、香港、广西；印度、缅甸、斯里兰卡、新加坡、印度尼西亚、澳大利亚。

采集记录 | 氹仔、路环。

163. 霉暗巾夜蛾

Bastilla maturata (Walker, 1858)

形态特征｜翅展52～58毫米。

头部、颈板紫棕色。胸部背面暗棕色。翅基片中部具1条紫色斜纹，后半带紫灰色。腹部暗灰褐色。前翅紫灰色，基部至内线部分暗褐色，内线至中线区，以及端区灰褐色；中线与外线间黑棕色；基线暗褐色外衬浅色线，仅可见前部2/3；内线黑棕色内衬浅色线，直而外斜；环纹为1个浅色点；中线直；外线黑棕色外侧伴衬浅色线，前部具外突齿，其后内斜；亚端线灰白色，锯齿形，在翅脉上形成白点；顶角具1条棕黑色斜纹；端线黑棕色。后翅暗褐色，端区带紫灰色；端线与前翅相似。

分　　布｜澳门、山东、河南、江苏、浙江、江西、福建、台湾、海南、四川、贵州、云南；朝鲜、日本、印度、马来西亚。

采集记录｜路环。

164. 宽暗巾夜蛾

Bastilla fulvotaenia (Guenée, 1852)

寄　　主｜大戟科植物。

生活习性｜幼虫取食大戟科的馒头果。

形态特征｜成虫翅展64毫米左右。

头、胸部及前翅深棕色。腹部黑褐色，前部有1条浅色横带纹。前翅内线黑褐色，直线外斜，中线黑褐色，稍内弯，两线间为夹杂紫褐色细点的灰白色带；肾纹为黑色窄条，中央具1个黑点；外线黑褐色，前部具外突齿，其后内斜，后端与中线接近；顶角具1条黑斜纹；亚端线微弱，褐色锯齿形；端线细弱，在翅脉上形成1列黑点。后翅黑棕色；中部具1条黄色宽带；近臀角处具1条小黄纹；端区浅褐色；端线与前翅相似。

幼虫体深褐色，爬行时会弓起像尺蛾科的幼虫。

分　　布｜澳门、浙江、福建、台湾、广东、海南、云南；日本、印度、缅甸、斯里兰卡、马来西亚、新加坡、印度尼西亚、孟加拉国。

采集记录｜路环。

165. 隐暗巾夜蛾

Bastilla joviana (Stoll, [1782])

寄　　主｜叶下珠属植物。

形态特征｜翅展33毫米左右。

头、胸部浅赭褐色。腹部灰褐色。前翅紫褐灰色；基线褐色外衬浅色线，达亚中褶；内线褐色，两侧伴衬浅色线，直线外斜；中线灰白色，内弯；外线灰白色，前部具外突齿，在亚中褶处弯；中线与外线间棕黑色；外线中部外侧具2～3个小黑斑；顶角至外线尖突处具1条黑斜纹。后翅烟褐色；中部具1条隐约可见的浅色带；亚端线仅后半可见，灰白色，端区带有紫灰色。

分　　布｜澳门、江苏、台湾、广东、海南、香港、云南；日本、印度、缅甸、印度尼西亚；大洋洲。

采集记录｜氹仔、路环。

166. 灰巾夜蛾

Buzara umbrosa (Walker, 1865)

形态特征｜翅展31～33毫米。

头部浅黄色。胸、腹部棕色，胸部背面及腹部带紫灰色调。前翅紫灰色带褐色，有金属光泽，布有褐色细点；基线自前缘脉至亚中褶为褐色；内线暗褐色波浪形；中线较直，暗褐色，外侧伴衬浅色带；肾纹为1条暗褐色窄条纹；外线黑棕色，波状；亚端线黑褐色，外侧伴衬黄褐色带；外线与亚端线间在前缘上有1个紫灰色半圆形区，前缘上有4个白点和白线纹。后翅暗棕色，外线与亚端线紫灰色；端区紫灰色。

分　　布｜澳门、江苏、台湾、福建、广东、海南、广西；印度、缅甸、印度尼西亚、新加坡。

采集记录｜氹仔、路环。

167. 三角夜蛾

Chalciope mygdon (Cramer, [1777])

形态特征｜翅展31～33毫米。

头、胸部黑褐色。腹部灰褐色。前翅前缘区及端区灰褐色，其余的黑褐色区由1条斜行白带分为两个部分，外侧部分为三角形，其外侧围以细白线；顶角有1个内斜的黑褐色斑块；亚端线淡褐灰色；端线黑色波浪形，端区各翅脉间有1个黑点。后翅褐色；端线黑褐色波浪形；臀角处有灰白色细纹。

分　　布｜澳门、江西、福建、台湾、广东、海南、香港、云南；印度、缅甸、斯里兰卡、马来西亚、新加坡、印度尼西亚等。

采集记录｜氹仔、路环。

168. 佩夜蛾

Oxyodes scrobiculata (Fabricius, 1775)

寄　　主｜荔枝、龙眼。

形态特征｜翅展51～53毫米。

头、胸部褐色带灰黄色。腹部黄色。前翅褐黄色，端区棕色；基线黑色波浪形，后方具1个黑点；内线仅在亚中褶处现1条黑条纹；环纹为1个黑褐色环斑；肾纹具黑边，内有1条黑曲纹；中线黑褐色，前半波曲，后半较直；外线双线黑色锯齿形，两线相距较远；亚端线黑色锯齿形。后翅杏黄色，前缘具1条烟斗形黑纹；外线黑色锯齿形，仅中段明显；亚端线双线，黑色锯齿形；端线黑褐色，略呈浅锯齿形。

分　　布｜澳门、湖南、福建、广东、海南、广西、云南；印度、缅甸、斯里兰卡、印度尼西亚。

采集记录｜氹仔、路环。

169. 曲耳夜蛾

Ercheia cyllaria (Cramer, [1779])

寄　　主｜芦笋；芸薹属、黄檀属、扁担杆属植物。

生活习性｜分布于低、中海拔山区。

形态特征｜翅展35～58.5毫米。

头、胸部及前翅黑棕色。腹部灰黑色具白横纹。前翅斑纹存在变异，翅面除外缘和后缘外形成半圆形黑棕色或浅褐色区，翅后缘浅灰色、褐色至黑棕色；基线棕色，短线状；翅基至内线褐色；内线棕色波状；环纹黑点状；肾纹浅黄色、棕色或黑褐色，具浅色边，前、后端各具1个白点；外线黑色，细弧状纹；前缘近顶角处有1个灰褐色的半圆形斑块；亚端线白色，近弧形；端线锯齿形，有时在脉上形成1列黑点。后翅黑棕色；外线只见2个白斑；亚端区具1个白斑。

分　　布｜澳门、台湾、广东、海南、广西、云南；日本、越南、印度、缅甸、斯里兰卡、马来西亚、新加坡、印度尼西亚；大洋洲。

采集记录｜路环。

170. 木夜蛾

Hulodes caranea (Cramer, [1780])

别　　名｜木裳夜蛾。

寄　　主｜夹竹桃属、合欢属、南洋楹属、山茶属植物。

生活习性｜分布于低海拔山区。

形态特征｜翅展69.5～77毫米。

虫体灰褐色。翅面散布黑色细点；雄性前、后翅深褐色，端区浅褐色；雌性翅灰褐色。前翅内线、中线及外线黑褐色波浪形；肾纹边缘灰色；亚端线黄白色，自顶角内斜；端线黑色，在脉间形成1列黑点。后翅外缘中部有凹刻；内、外线黑褐色间断；亚端线、端线与前翅相似。雌性前、后翅亚端线双线状，内侧线粗且向内晕染。

分　　布｜澳门、湖南、台湾、广东、海南、广西、云南；日本、印度、缅甸、斯里兰卡、印度尼西亚。

采集记录｜氹仔、路环。

雄性

171. 中南夜蛾

Ericeia inangulata (Guenée, 1852)

寄　　主｜黑荆；黄檀属、含羞草属植物。

形态特征｜翅展40～50毫米。

体、翅灰褐色。翅面散布黑色细点。前翅基线、内线褐色，波浪形；环纹为褐色点状；肾纹暗褐色；中线褐色模糊；外线黑褐色，双线状或略呈点状，整体波浪形；亚端线双线状或带状，褐色，锯齿形，其前端外侧有浅色斑，后端有黑褐色斑；翅外缘有1列黑点。后翅中线、外线和亚端线均为双线、褐色、波浪形，翅外缘有1列黑点。

分　　布｜澳门、湖南、福建、海南、广西、云南、西藏；印度、缅甸、斯里兰卡、孟加拉国、澳大利亚。

采集记录｜氹仔、路环。

172. 断线南夜蛾

Ericeia pertendens (Walker, 1858)

形态特征 | 成虫翅展45毫米左右。

体、翅灰褐色，与中南夜蛾外形相似，主要区别在于前翅肾纹通常更大，颜色更深；亚端线波状；顶角有1条暗褐色纹内斜至亚端线。

幼虫第1对腹足退化短小，走路时会弓起腹部，形态极像尺蛾科的幼虫。

分　　布 | 澳门、海南、云南；日本、印度尼西亚、斯里兰卡。

采集记录 | 氹仔、路环。

173. 亚灰南夜蛾

Ericeia subcinerea (Snellen, 1880)

形态特征｜翅展40～46毫米。

体、翅褐灰色杂黑色鳞片。前翅基线与内线黑褐色，内线波浪形微内斜，间断为粗斑点；环纹小、黑褐色；肾纹褐色；外线为双线，黑褐色波浪形；亚端线呈黑褐色带状，外侧伴衬浅黄色线和零星的灰蓝色鳞片，波浪形；近翅外缘有1列黑点，顶角有1条黑褐色斜纹。后翅中线暗褐色，带状；外线、亚端线，以及近翅外缘的黑点都与前翅相似。

分　　布｜澳门、台湾、海南；日本、泰国、印度（北部）、印度尼西亚。

采集记录｜氹仔、路环。

174. 印变色夜蛾

Hypopyra ossigera Guenée, 1852

形态特征 | 翅展56～74毫米。

头和颈板黑棕色。胸、腹部与翅浅灰褐色。前翅顶角尖齿状；翅面颜色从顶角至后缘中部为分界线，其外侧颜色稍深；内线褐色，波浪状；环纹为1个黑点；肾纹多变，为黑色不规则大斑或无；中线褐色，近前缘处加粗，前半部锯齿形，后半部略平直；外线褐色，圆齿状，在翅脉上形成1列褐色点；亚端线褐色，锯齿状，外衬白线；端线褐色，圆齿状，在脉间形成小点。后翅翅面中线以外部分颜色稍深；中线、外线、亚端线和端线与前翅相似。

分　　布 | 澳门、台湾、广东、香港；越南、泰国、印度、马来西亚、印度尼西亚。

采集记录 | 路环。

175. 变色夜蛾

Hypopyra vespertilio (Fabricius, 1787)

寄　　主｜合欢、紫薇、楹树、桃、柑橘等。

生活习性｜幼虫取食合欢、紫薇、楹树、桃等植物的叶片；成虫吸食柑橘等植物的果汁。

形态特征｜翅展80毫米左右。

外部形态与印变色夜蛾相似，主要区别在于肾纹由多个小斑构成；外线呈双线状。前翅顶角尖突，内线黄褐色波浪形；中线黑棕色波浪形，后半直线内斜；肾纹褐色，后端扩展为3个卵形褐斑；外线、亚端线、端线褐色波浪形，外线、亚端线外侧衬白色；顶角具1条内斜淡纹。后翅端区棕色；中线黑棕色直线内斜；外线灰白色波浪形，在翅脉上为黑点；亚端线灰白色波浪形；端线褐色波浪形。

分　　布｜澳门、山东、江苏、上海、浙江、江西、福建、广东、云南；日本、印度、缅甸、印度尼西亚。

采集记录｜氹仔。

176. 环夜蛾

Spirama retorta (Clerck, 1759)

形态特征 | 翅展63～69毫米。

头、胸部黄褐色至棕褐色。腹部黄褐色带黑褐色。前翅底色棕褐色至暗褐色；基线不明显，仅在翅基部可见1条黑褐色短条带；内线黑褐色明显，由前轻微外折后再向斜内折，呈大弧形弯曲向后延伸，内侧白色或灰色；中室后缘伴衬烟黑色；肾纹大而明显，后半部具1个暗褐色眼斑，前半部同底色；外线黑色至黑褐色，双线，内侧线较外侧线色淡，由前缘外呈弧形至后缘；亚端线黑褐色双带，波浪形弯曲；端线锯齿状，黑色双线。后翅底色同前翅；新月纹隐约可见；中线、外线和亚端线为黑褐色带状，略模糊。

分　　布 | 澳门、辽宁、山东、河南、江苏、浙江、湖北、江西、福建、台湾、广东、海南、广西、四川、云南；朝鲜、韩国、日本、越南、柬埔寨、印度、缅甸、尼泊尔、斯里兰卡、菲律宾、马来西亚、孟加拉国。

采集记录 | 氹仔。

177. 绕环夜蛾

Spirama helicina (Hübner, [1831])

寄　　主｜合欢花。

形态特征｜翅展59～68毫米。

头部暗棕灰色。胸部黄褐色，中、后胸具有深色横条。腹部前半部黄褐色，后半部黄色，具黑褐色横带。前翅灰褐色；内线褐色，双线状，线间白色；内线后外侧有时具黑褐色斑块；肾纹为蝌蚪形大黑斑，具白边；中线和外线黑褐色，前部弯曲，二者之间后半部黑褐色，外线外侧伴衬白边；亚端线红褐色或黑褐色，双线状，微波浪形；端线黑褐色，双线，锯齿形。后翅灰褐色；中线为黑褐色带状；外线为黑褐色锯齿状，外衬锯齿状白带；亚端线黄白色，带状；端线黑褐色，双线，锯齿状。

分　　布｜澳门、黑龙江、吉林、辽宁、北京、河北、山东、江苏、浙江、湖北、江西、福建、台湾、四川、云南；俄罗斯（远东南部）、朝鲜、韩国、日本、缅甸、马来西亚、印度、斯里兰卡、尼泊尔。

采集记录｜路环。

178. 蓝条夜蛾

Ischyja manlia (Cramer, 1766)

寄　　主 | 榄仁树属、樟属等植物。

形态特征 | 翅展85～100毫米。

体、翅红棕色至黑棕色。雄性：前翅内线褐黑色，内侧衬黄线，波状；环纹为圆斑，浅黄色，内有黑点；肾纹灰黄色，内有黑点及曲纹；中线黑褐色，内侧衬黄线，波状；外线稍直，黑褐色；中室后侧有时具黑褐色横带；外线外侧黄褐色；亚端线黑褐色，波状，有时断开呈点状，后半部不明显。后翅黑棕色，中部具1条粉蓝色宽曲带；后缘近臀角处蓝灰色，斑内有褐色细纹。雌性：前翅环纹、肾纹小，外线蓝白色直线内斜；后翅粉蓝色带较宽，较规则。

分　　布 | 澳门、山东、浙江、湖南、福建、广东、海南、广西、云南；韩国、印度、缅甸、斯里兰卡、菲律宾、印度尼西亚等。

采集记录 | 氹仔、路环。

179. 宽夜蛾

Platyja umminia (Cramer, 1780)

寄　　主｜水稻和杂草。

形态特征｜翅展46～60毫米。

雌雄异型。体、翅棕褐色。前翅基线深褐色，纤细，弧形，有时不明显；环纹为黑褐色斑点；肾纹黑褐色；外线黑褐色，圆齿状，在CuA_1脉后强烈内折，且在此处后侧雄性有2个深褐色环斑，雌性有2个内有褐色环纹的白色圆斑；顶角有1条深褐色内斜线和1个灰白色斑。后翅外线黑褐色，圆齿状。

分　　布｜澳门、湖南、福建、台湾、广东、海南、云南；日本、印度、泰国、缅甸、斯里兰卡、印度尼西亚、澳大利亚。

采集记录｜氹仔。

雌性

180. 灰线宽夜蛾

Platyja torsilinea (Guenée, 1852)

形态特征｜翅展50～60毫米。

头、胸部深棕色，布有零星细白点。腹部暗棕色。前翅深棕色，布有零星蓝灰色细点；基线前半白色，后半褐色；内线红褐色，较直、外斜；环纹和肾纹大、黑棕色，前者具红棕色边、卵圆形；外线黑褐色，外侧衬白色及褐色；外线与肾纹间有3个黑棕色点，其折角前的外方有1个近三角形黑棕色大斑。后翅深棕色，布有蓝灰色细点；外线黑棕色，外侧衬白色，微波曲；缘毛黑棕色，端部有少许蓝灰色。

分　　布｜澳门及中国东南部；越南、老挝、柬埔寨、缅甸、泰国、印度尼西亚（巴厘岛、苏门答腊岛、爪哇岛）、印度（安达曼群岛）；喜马拉雅山脉东北部。

采集记录｜氹仔。

十一、尾夜蛾科 Euteliidae

幼虫为害柏科、芸香科、杨梅科、榆科植物等。体型中等大小，休息时其翅纵向折叠。雄性触角丝状、锯齿状或仅在基部第三节锯齿状。喙发达，少数种类喙退化；额光滑；复眼裸露，无毛；腹部两侧常有毛簇。

（一）尾夜蛾亚科 Euteliinae

181. 斑重尾夜蛾

Penicillaria maculata Butler, 1889

形态特征 | 翅展26～30毫米。

头、胸部暗褐色。腹部棕褐色。前翅黄褐色带紫棕色，基部为黑褐色三角区，其外缘白色；基线褐色，波浪形；内线双线棕色，波浪形；中褶与亚中褶各有1条白线自内线伸至外缘；外线双线灰白色，在前部有折角，折角处有1条黑色纹伸至外缘；亚端线灰色，外侧浓棕色。后翅白色，前缘紫棕色；肾纹浅褐色；端带宽，褐色，臀角处有1条白纹。

分　　布 | 澳门、四川、西藏；印度。

采集记录 | 氹仔、路环。

182. 鹿尾夜蛾

Eutelia adulatricoides (Mell, 1943)

形态特征 | 翅展32～34毫米。

头部黄褐色。胸部棕褐色杂白色。腹部黑褐色。前翅浅褐色；中区及亚端区带灰白色；基线双线白色，线间黑色，波浪形；内线白色，基线、内线间有白曲纹；中室基半部具1条黑纹，衬白色；环纹及肾纹均有细白边，肾纹窄，中部白色；中线黄白色，不完整；外线3条线黑色，内侧另有赤棕色粗线，在后缘处形成1个大黑斑，内方具1条褐色粗线；亚端线白色，外侧黑色，外方隐约有1个棕色三角形斑；翅外缘具1列黑点；缘毛中段具数个黑纹。后翅白色，端区黑褐色；亚端线白色，仅后半部清晰；端线黑色，短线状。

分　　布 | 澳门、湖南、广东、海南、西藏；日本。

采集记录 | 路环。

183. 拍尾夜蛾

Pataeta carbo (Guenée, 1852)

寄　　主｜桉树。

形态特征｜翅展22～24毫米。

头、胸及腹部黑褐色杂少许灰色。前翅褐色杂灰色及黑褐色；基线、内线及外线均双线黑色波浪形，线间黄棕色；环纹浅褐色带黑边；肾纹褐色，具黄褐色边和黑色边；中线褐色，不清晰；亚端线灰白色，外侧伴随黑色线，前半波浪形；端线锯齿状。后翅白色，端区1条黑褐色宽带；翅脉外半黑褐色。

分　　布｜澳门、广东；印度尼西亚；大洋洲。

采集记录｜路环。

184. 折纹殿尾夜蛾

Anuga multiplicans (Walker, 1858)

形态特征 | 翅展40毫米左右。

体、翅褐色或灰褐色。前翅基线不清晰；内线双线，黑褐色，波浪形，外侧线清晰；环纹为1个黑点；肾纹棕色具黑边；中线褐色，波状；外线黑色，锯齿形，外方另1条黑色波浪形线自近顶角处内斜至后缘；亚端线灰色锯齿形，内侧1列黑点；端线黑色，为1列短线状斑。后翅暗褐色，基部灰色；外线、亚端线黑色，外侧伴随浅色线，仅后半明显；臀角处具乳白色带黄褐色斑块；端线与前翅相似。

分　　布 | 澳门、浙江、湖南、福建、广东、海南、四川、贵州、云南；印度、斯里兰卡、马来西亚、新加坡。

采集记录 | 路环。

（二）蕊翅夜蛾亚科 Stictopterinae

185. 暗裙脊蕊夜蛾

Lophoptera squammigera (Guenée, 1852)

寄　　主｜糠柴。

形态特征｜翅展35～40毫米。

头部、颈板及胸部背面前端黑褐色，胸部背面其余部分灰色杂少许黑褐色。腹部暗褐色。前翅灰色有淡紫色光泽；前缘区为1条黑褐色纵带，自基部达顶角，其后缘微呈弧形并衬白色，此纵带遮住翅面线纹的前部；内线双线，黑褐色；环纹为前缘黑褐色纵带伸出的1个黑色突起；肾纹可见后半不完整的黑褐色边；剑纹为1个黑褐色点；中线暗褐色，波状；外线双线，黑褐色，波状；亚端线双线，黑褐色内衬白边，锯齿形；翅外缘具1列衬白色的黑短线斑。后翅黑褐色，基半部有时色浅，可见黑褐色翅脉。

分　　布｜澳门、湖南、台湾、广东、海南、广西、四川、云南、西藏；越南、印度、斯里兰卡、新加坡；大洋洲。

采集记录｜氹仔、路环。

十二、瘤蛾科 Nolidae

世界性分布，热带地区多样性最丰富，幼虫取食草本科植物。小至微型，颜色暗。无单眼。复眼大。胸、腹部纤细，在腹部前几节背面着生有毛簇。前翅中室基部及端部有竖鳞呈瘤状；翅缰钩棒状。幼虫4对足。茧呈船形。

（一）科瘤蛾亚科 Collomeninae

186. 灰褐癞皮夜蛾

Gadirtha fusca Pogue, 2014

寄　　主 | 乌桕。

形态特征 | 翅展46～49毫米。

雄性体及前翅暗褐色，斑纹略模糊；雌性体和前翅灰褐色，斑纹清晰。前翅密布暗棕色细斑点，翅面中段稍衬有橘褐色；前缘有暗棕色斑块，近顶角处斑块最大；内线黑褐色，纤细，略呈弧形；环纹为圆形眼斑；肾纹为椭圆形眼斑状，外边具黑细线斑纹；外线和亚端线纤细，双波线状，不明显。后翅灰褐色，向端部颜色加深；翅脉明显。

分　　布 | 澳门、广西。

采集记录 | 氹仔、路环。

雌性

雄性

（二）旋夜蛾亚科 Eligminae

187. 旋夜蛾

Eligma narcissus (Cramer, [1775])

别　　名｜臭椿皮蛾。

寄　　主｜臭椿、香椿、红椿、桃和李等园林观赏树木。

生活习性｜幼虫多数先取食树皮再取食叶片；在树的枝干上结茧化蛹。

形态特征｜翅展67～80毫米。

头、胸部浅灰褐色带紫色；胸部背面有3对黑点。腹部橙黄色，各节背面中央有1个黑斑。前翅狭长，翅的中间近前方有1条白色纵带，将翅分为两部分，前半部黑褐色，后半部褐色；翅基部有多个黑点；中室端部至后缘中部具1条波状黑线；外线双线，白色，波状；亚端线为1列黑点纹。后翅杏黄色，端带蓝黑色，前宽后窄，其中有1列粉蓝色斑。

分　　布｜澳门、河北、山西、山东、河南、陕西、甘肃、江苏、上海、浙江、湖北、湖南、福建、四川、贵州、云南等；日本、印度、菲律宾、马来西亚、印度尼西亚。

采集记录｜路环。

188. 淡色旋孔夜蛾

Baroa vatala Swinhoe, 1894

寄　　主 | 破布木。

形态特征 | 翅展28～36毫米。

体、翅赭白色染褐色，颈板、肩角、翅基片及前胸具黑点；腹部端节黄色。前翅翅脉色浅；翅基有2个黑点；4个黑色内线点呈弧形；中室端脉上有1个黑线点；外线为1列黑点，位于翅脉间隙。后翅外线暗褐点位于翅脉间隙。

分　　布 | 澳门、湖北、江西、湖南、广东、海南、广西、云南；越南、印度、不丹。

采集记录 | 路环。

（三）丽夜蛾亚科 Chloephorinae

189. 黄钻夜蛾

Earias flavida Felder, 1861

寄　　主｜扁担杆属植物。
生活习性｜分布于低海拔山区。
形态特征｜翅展22～27毫米。
头、胸部绿黄色。腹部白色，背面带黄色或浅黄褐色。前翅黄色，外半带绿色；内线不清晰，间断波浪形；肾纹浅绿褐色，边线黑棕色并围以黑棕色细点，后方具1个模糊的绿色斜斑；外线浅绿色；外区、亚端区有零星的黑棕色细点。后翅白色半透明，端区微绿色。
分　　布｜澳门、海南；印度、马来西亚、印度尼西亚。
采集记录｜氹仔、路环。

190. 白裙赭夜蛾

Carea subtilis Walker, 1856

寄　　主｜龙眼、荔枝、黄檀、蒲桃、桃金娘等多种阔叶树种。

生活习性｜我国华南地区常见的杂食性昆虫，极少造成大面积严重危害。

形态特征｜翅展31～46毫米。

头、胸部及前翅赭红色，腹部背面褐白色。前翅外缘中部略突出，后半略凹；翅面部分带有紫色；内线褐色，外斜至后缘近中部；肾纹为1个黑点；外线褐色双线；外线前部内侧褐色，似呈三角形斑。后翅白色，外缘大部带桃红色。

分　　布｜澳门、海南、广东；印度、斯里兰卡、印度尼西亚等。

采集记录｜氹仔。

191. 康纳夜蛾

Narangodes confluens Sugi, 1990

形态特征 | 翅展24毫米。

体棕橘色或黄褐色，具银白色斑。前翅棕橘色，前缘棕褐色、黄褐色或浅棕橘色；翅基至中线间具2条银白色横纹；中线波状，银白色；外线锯齿状，银白色；中、外线之间黄褐色或掺杂灰色鳞片；亚端线为锯齿状宽带，银白色掺杂灰色和黑褐色鳞片。后翅浅褐色。

分　　布 | 澳门、台湾、广东；泰国。

采集记录 | 氹仔、路环。

十三、夜蛾科 Noctuidae

夜蛾科是鳞翅目中最大的一个科。体中至大型，粗壮多毛，体色灰暗；触角丝状；单眼2个；胸部粗大，背面常有竖起的鳞片丛；前翅一般为灰暗色，多具色斑；后翅多为白色或灰色。绝大多数夜蛾成虫在夜间飞行，强烈趋光。夜蛾大多是植食性，许多种类是农、林、牧业的害虫；更有少数种类吮吸人、畜的眼泪，甚至刺吸人、畜的血液。

（一）金翅夜蛾亚科 Plusiinae

192. 银纹夜蛾

Ctenoplusia agnata (Staudinger, 1892)

寄　　主｜油菜、甘蓝、花椰菜、白菜、萝卜等十字花科蔬菜，也为害大豆、野薄荷、番薯、牛蒡、土木香、棉属等植物。

生活习性｜多食性昆虫。

形态特征｜翅展35～37毫米。

头、胸、腹部灰褐色。前翅深褐色；基线银色；内线银色，双线，线间褐色，前部有1个明显外凸的折角；中室后缘中部有1个马掌形银褐色斑，其外后方有1个近三角形银点；中室后部至翅后缘区域黑褐色；肾纹暗褐色不明显；外线褐色，双线波浪形；亚端线黑褐色锯齿形。后翅暗褐色。

分　　布｜中国广布；俄罗斯（远东南部）、韩国、日本、印度、尼泊尔；东南亚。

采集记录｜氹仔、路环。

193. 新富丽夜蛾

Chrysodeixis eriosoma (Doubleday, 1843)

别　　名｜南方银辉夜蛾。

寄　　主｜豌豆、大豆、卷心菜、马铃薯、苜蓿、花椰菜、鹰嘴豆、向日葵等。

形态特征｜翅展35～40毫米。

外形与银纹夜蛾相似，主要区别在于前翅偏棕褐色；中室后部至翅后缘区域前部黑褐色，中部具黄褐色椭圆形斑，近后缘处具褐色带。

分　　布｜澳门、广东、福建；日本、韩国、越南、菲律宾、斯里兰卡、印度、马来西亚、印度尼西亚、英国、澳大利亚、新西兰等。

采集记录｜路环。

（二）笆夜蛾亚科 Bagisarinae

194. 曲缘皙夜蛾

Chasmina candida (Walker, 1865)

形态特征 | 翅展43毫米左右。

体、翅白色，具丝样光泽；下唇须上缘及端部褐黄色；额下半部微黄色，上半部具一褐条；触角除基部外均褐色；前足腿节上缘、胫节及跗节外缘均橘黄色，后足跗节下缘微褐色。前翅宽，雄性前缘中部略内凹。

分　　布 | 澳门、台湾、广东、海南、云南；缅甸、斯里兰卡；南太平洋岛屿。

采集记录 | 路环。

195. 迪夜蛾

Dyrzela plagiata Walker, 1858

寄　　主 | 扁担杆属植物。

形态特征 | 翅展27毫米左右。

头与颈板乳白色带紫色。胸部与前翅灰褐色带紫色。腹部灰褐色。前翅前缘区中、外线间有1个深褐色大斑，其外缘衬以白边；中室基部有1个褐色点；基线只在前缘脉及中室上各现1个黑点；内线双线，深褐色，波浪形；中线模糊，暗褐色且外斜；外线深褐色锯齿形，后半部具3个黑点；亚端线微白色波浪形；端线为1列黑点。后翅褐色，翅脉深褐色，清晰。

分　　布 | 澳门、海南、广东；印度、缅甸、斯里兰卡。

采集记录 | 氹仔。

196. 坑卫翅夜蛾

Amyna axis (Guenée, 1852)

寄　　主｜藜属植物。

形态特征｜翅展22～30毫米。

头、胸部及前翅灰褐色微带红色。前翅前缘带均匀排布着乳白色点；基线白色；内线黑褐色，波状，内侧伴随灰白色线杂褐色鳞片；环纹为白色环形；雄性肾纹白色圆形，雌性肾纹消失或呈奶油色至夹杂着红褐色鳞片的奶油色；外线暗褐色，锯齿形，外侧伴随灰白线杂褐色鳞片；有时从肾纹至顶端沿着翅脉具白色短线；亚端线模糊，略呈黑色波浪形；端线为黑褐色短线内衬白线。后翅为深灰色，翅脉明显。

分　　布｜澳门、香港；日本、印度、缅甸、斯里兰卡、菲律宾、印度尼西亚、马来西亚、文莱、澳大利亚、美国等；非洲、南美洲。

采集记录｜氹仔、路环。

（三）绮夜蛾亚科 Acontiinae

197. 白斑宫夜蛾

Ecpatia longinquua (Swinhoe, 1890)

形态特征｜翅展27毫米左右。

头部黑褐色杂少许灰色。胸部背面黑褐色杂少许灰白色。腹部暗灰褐色。前翅黑褐色；基线较粗，黑褐色；内线黑褐色，点列状，仅后半部明显；环纹浅黄色；肾纹较大，白色，且布有暗褐色细点；肾纹后侧的内、外线之间有黑褐色横带纹；外线点列状，后部明显；亚端线污白色，锯齿状；翅外缘有1列黑点。后翅黑褐色，内区有1个大白斑，翅外缘有1条白色曲纹；缘毛黑褐色，前半部和臀角处白色。

分　　布｜澳门、广西；日本、缅甸。

采集记录｜路环。

198. 白斑烦夜蛾

Aedia leucomelas (Linnaeus, 1758)

别　　名 | 甘薯黑白夜蛾。

寄　　主 | 番薯。

形态特征 | 翅展33～35毫米。

头、胸部黑棕色，颈板有1条黑线，腹部及前翅黑棕色带褐色。前翅基线、内线及外线黑色，基线达亚中褶，内线双线波浪形，外线微锯齿形；环纹白色，中央黑褐色；肾纹白色，中有黑圈，外侧分割为小白斑，后方有1个白色斜斑，外方灰白色扩展至外线；亚端线白色，锯齿形，内衬黑褐色线且向内延伸出剑纹；端线黑色，锯齿形。后翅内半部白色，外半部及后缘黑色；缘毛黑褐色，顶角及臀角处白色。

分　　布 | 澳门、福建、台湾、广东、海南、广西、四川、贵州、云南；日本、印度、伊朗、阿尔及利亚；欧洲南部。

采集记录 | 氹仔、路环。

（四）封夜蛾亚科 Dyopsinae

199. 苎麻夜蛾

Arcte coerula (Guenée, 1852)

寄　　主｜苎麻、荨麻、蓖麻、黄麻、亚麻、大豆等植物。

生活习性｜幼虫食叶成缺刻或孔洞，致受害株生长缓慢或停滞。

形态特征｜翅展73～98毫米。

头、胸部黄棕色。腹部蓝棕色。前翅赤褐色，散布蓝白色细点，后半带黑褐色；基线、内线、中线及外线黑色，基线外侧有宽黑条，内线波状，外线后半锯齿形；环纹为1个黑点；肾纹具黑边；外线前端外侧具1个黑褐色弯曲斜纹；亚端线浅红褐色，顶角有似三角形红褐色区；外缘为1列黑点。后翅黑棕色有紫色闪光，中部具1个粉蓝色圆斑，外区1条粉蓝色曲带，近臀角1个粉蓝色窄纹。

分　　布｜澳门、河北、山东、浙江、湖北、江西、湖南、福建、广东、海南、四川、云南；日本、印度、斯里兰卡；南太平洋若干岛屿。

采集记录｜路环。

（五）剑纹夜蛾亚科 Acronictinae

200. 霜剑纹夜蛾

Acronicta pruinosa (Guenée, 1852)

寄　　主｜宽叶胡颓子。

形态特征｜翅展33～43毫米。

头、胸部及前翅灰白色杂黑褐色。腹部灰褐色，基部背面有1个白斑。前翅基线、内线、外线均双线黑褐色，锯齿状，其中2条外线间白色；基线外侧在亚中褶处有1个黑斑；环纹灰色具黑褐色边；肾纹暗褐色具黑褐色边；中线褐色，锯齿形，外侧亚中褶处有2个白斑；基剑纹与端剑纹黑色；亚端线白色，略呈点列状，不清晰；端线由1列褐点组成。后翅白色带黄褐色。

分　　布｜澳门、黑龙江、吉林、辽宁、江苏、湖北、台湾、西藏；韩国（济州岛）、日本、越南、印度、缅甸、尼泊尔、菲律宾、斯里兰卡、马来西亚、印度尼西亚、孟加拉国。

采集记录｜路环。

201. 条首夜蛾

Craniophora fasciata (Moore, 1884)

形态特征｜翅展39毫米左右。

头、胸部及前翅灰白色或灰褐色，额有黑条，翅基片边缘有黑纹。腹部浅褐黄色或灰褐色。前翅微带紫色；剑纹黑色；环纹具白边和黑边；肾纹具褐色边和黑边；内线与外线均双线，黑色，内线略呈波状，外线锯齿形；中线暗褐色，亚中褶有1条黑色纵纹；亚端线白色锯齿形。后翅浅土黄色。

分　　布｜澳门、湖北、广东、海南；云南、日本、印度、缅甸、斯里兰卡、印度尼西亚。

采集记录｜路环。

202. 泰夜蛾

Tycracona obliqua Moore, 1882

形态特征 | 翅展40～44毫米。

头、胸部白色杂黑褐色。腹部褐灰色。前翅白色带灰褐色，密布黑褐色细点；内线双线黑色，不规则波浪形；环纹、肾纹白色，肾纹极窄；自前缘脉沿肾纹外侧至翅外缘中部具1条黑纹；外线黑色锯齿形，外侧衬白色；亚端线黑色锯齿形，外侧衬灰白色。后翅灰褐色，端区暗褐色。

分　　布 | 澳门、海南、云南；印度、不丹。

采集记录 | 路环。

（六）虎蛾亚科 Agaristinae

203. 白斑修虎蛾

Sarbanissa albifascia (Walker, 1865)

形态特征｜翅展45毫米左右。

头、胸部及前翅深棕色杂少许灰白色。腹部黄色，基半部和臀节有棕色斑。前翅基部具1条黄白色斜带，杂有黄绿色鳞片，其后具1条黑色纵纹；内线黑褐色内衬黄白色线，波状；环纹、肾纹具黑边；肾纹外方具1个曲缘大白斑；外线黑棕色，外衬黄白色线，波状；亚端线黑棕色，内衬红褐色纹，锯齿状；端线为1列黑褐色外衬红褐色的短线。后翅黄色，端带黑色，顶角及其缘毛白色。

分　　布｜澳门、广东及华北；印度、老挝、泰国。

采集记录｜路环。

（七）点夜蛾亚科 Condicinae

204. 肾星普夜蛾

Prospalta leucospila Walker, [1858]

形态特征 | 翅展31毫米左右。

头、胸部黑棕色，翅基片外缘基部有1个白点，后胸白色。腹部暗棕色。前翅深褐色有光泽，基部有大小不等的5个白斑点；剑纹白色圆形；环纹白色圆形，前方有1条白色曲条；肾纹中央为白色圆斑和褐色曲纹，四周围以白点；外线黑色，锯齿形，齿尖为小白点；亚端线褐色，外侧有2～4排大小不齐的白点。后翅淡褐色，缘毛基部有白点。

分　　布 | 澳门、云南；印度、马来西亚。

采集记录 | 氹仔、路环。

（八）美托夜蛾亚科 Metoponiinae

205. 三条火夜蛾

Flammona trilineata Leech, 1900

形态特征 | 翅展32毫米左右。

头、胸、腹部灰色带淡褐色。前翅褐色微带紫色，布有褐色细点；内线为1条较直的棕色窄带；中线为1条较宽的棕色带；环纹只现1个棕色点；肾纹窄、棕色；外线棕色、较粗；亚端线灰白色。后翅淡灰棕色。

分　　布 | 澳门、江西、湖南、福建、台湾、香港、广西、四川。

采集记录 | 路环。

（九）木夜蛾亚科 Xyleninae

206. 圆灰翅夜蛾

Spodoptera cilium Guenée, 1852

寄　　主｜水稻，也有报道为害公园草皮。

形态特征｜翅展约21毫米。

头、胸部浅赭黄色带褐色。腹部浅灰赭色。前翅浅灰赭色，基线、内线及外线均黑色，伴衬灰白色线，基线、外线锯齿形，内线波浪形；环纹浅赭黄色，内有浅褐色斑点；中线暗褐色，前端为小黑斑；肾纹黑褐色，有黄色和黑褐色边；亚端线浅赭黄色，锯齿形，内侧具1列黑纹；翅外缘具1列黑点。后翅白色，半透明，翅脉及端区褐色。

分　　布｜澳门、福建、台湾；阿富汗；亚洲热带地区、欧洲东南部、非洲。

采集记录｜澳门半岛、氹仔、路环。

207. 梳灰翅夜蛾

Spodoptera pecten Guenée, 1852

形态特征 | 翅展22毫米。

头部褐色。胸部赭色带红褐色并杂有黑褐色。腹部褐灰色。前翅灰褐色，内、外线黑褐色，伴衬浅色线，略呈锯齿形；环纹浅黄色；肾纹黑褐色，有灰白及黑边；亚端线灰白，内侧衬黑褐色并有1列黑纹；端线为1列黑色短线。后翅白色，翅脉及端区褐色。

分　　布 | 澳门、台湾、广东；朝鲜、日本、越南、泰国、印度、缅甸、马来西亚、新加坡、印度尼西亚、澳大利亚。

采集记录 | 澳门半岛、氹仔、路环。

208. 斜纹夜蛾

Spodoptera litura (Fabricius, 1775)

寄　　主 | 寄主相当广泛，包括十字花科蔬菜及番薯、棉、芋、荷、向日葵、烟草、芝麻等。

生活习性 | 杂食性和暴食性害虫。

形态特征 | 翅展33～35毫米。

头、胸、腹部及前翅褐色。前翅外区翅脉大部浅褐黄色，各横线褐黄色；环纹窄长斜向；肾纹外缘中凹，前端齿形；环纹和肾纹间有3条白线组成的较宽的斜纹；自翅基部向外缘另有1条白纹；亚端线白色，内侧有1列黑齿纹；端线为1列黑褐色短线，内衬白线。后翅白色，外缘暗褐色。

分　　布 | 澳门、山东、江苏、浙江、湖南、福建、广东、海南、香港、贵州、云南；亚洲的热带和亚热带地区、非洲。

采集记录 | 澳门半岛、氹仔、路环。

209. 农委夜蛾

Athetis nonagrica (Walker, [1863])

寄　　主 | 鸭跖草属、马齿苋属等植物。

形态特征 | 翅展30～31毫米。

体黄褐色至深褐色。腹部被黑褐色长鳞毛。前翅黄褐色；翅基具微小的黑色斑点；内线褐色，呈模糊的双线波状；内线以内翅面颜色略浅；中线深褐色，弧形；外线灰白色，弧形，与翅外缘近似平行，后端略向内凹陷，外线的内外伴随黑点；外缘脉间具黑点。后翅银白色，翅脉和外缘褐色。

分　　布 | 澳门、海南、广西、云南；印度、斯里兰卡、新加坡、马来西亚、印度尼西亚。

采集记录 | 氹仔、路环。

210. 双斑委夜蛾

Athetis bipuncta (Snellen, [1886])

形态特征｜翅展38毫米左右。

体、前翅褐色。前翅内线深褐色；中线深褐色波浪状；环纹为黑色点；肾纹为1个白点，前方另具1个小白点；外线及亚端线深褐色波浪状。后翅灰褐色。

分　　布｜澳门、广东、香港；越南、印度、印度尼西亚。

采集记录｜氹仔。

211. 倭委夜蛾

Athetis stellata (Moore, 1882)

形态特征 | 翅展28～34毫米。

头、胸部及前翅灰褐色。腹部灰白色带褐色。前翅端区暗褐色；基线、内线、中线及外线均黑色；基线、内线直，两线间在亚中褶处具1个黑点；中室处具1个白点；环纹为1个黑点；中线粗而模糊；肾纹褐色，外侧具1个狭长的黄白色点，前方具1个白点，有时后方具2个白点；外线外方各翅脉上有细黑纹；亚端线黑褐色，粗而模糊；端线黑色。后翅黄白色带褐色，端区色暗。

分　　布 | 澳门、福建、四川、西藏；朝鲜、韩国、日本、印度、斯里兰卡。

采集记录 | 氹仔、路环。

212. 沙委夜蛾

Athetis reclusa (Walker, 1862)

形态特征 | 翅展26毫米左右。

体、前翅暗褐灰色。前翅密布黑点，端区色较深；基线、内线、中线及外线黑色，除中线外均锯齿形；环纹为1个黑点；肾纹褐黑色；中线粗，模糊；亚端线不明显，浅黄色锯齿形，内侧暗褐色；翅外缘1列黑点。后翅灰白带褐色，端区色暗。

分　　布 | 澳门、海南、广西；印度、斯里兰卡、马来西亚、印度尼西亚；大洋洲。

采集记录 | 氹仔、路环。

213. 长斑幻夜蛾

Sasunaga longiplaga Warren, 1912

形态特征 | 翅展39毫米左右。

头部浅赭黄色。胸部褐黄色。腹部黄褐色。前翅浅灰赭色；各横线黑色，内线、外线均双线，略模糊；亚中褶基部具1条黑纵线，其后具1个浅黄色斑及1条黑褐色纵纹；环纹浅黄色带黑边；肾纹略模糊，灰黄色，具黑边；肾纹外侧具1个弧形浅黄斑伸达外缘中部；外区前缘有1个近三角形黑褐斑；亚端线浅赭黄色。后翅烟褐色。

分　　布 | 澳门、海南、西藏；马来西亚；大洋洲。

采集记录 | 路环。

（十）盗夜蛾亚科 Hadeninae

214. 美秘夜蛾

Mythimna formosana (Butler, 1880)

形态特征 | 翅展29～32毫米。

头、胸部枯黄色。腹部枯黄色带淡褐色。前翅淡赭黄色，翅面略散布极细密黑色微点；各翅脉衬以浅红褐色，颜色略浅于翅面；内线于翅脉处呈小黑点，由前缘近弧形外曲延伸至后缘；环纹为1个近椭圆形浅色斑；肾纹为1个近椭圆形浅色斑；中室后角可见1个黑色小点；中脉末端略膨大，呈淡黄色；中室后角外可见1个棕黑色小斑块；外线在翅脉处呈黑色小点；亚端线不明显，仅略可见1条明暗分界细线；端线由翅脉间淡黑色小点组成；近顶角处隐约可见1个斜三角形淡黑褐色暗影区。后翅淡黄白色，缘区部分黑色。

分　　布 | 澳门、台湾、海南、广西、云南；日本、越南、老挝、柬埔寨、泰国、印度、斯里兰卡、菲律宾、马来西亚、印度尼西亚、澳大利亚、巴布亚新几内亚。

采集记录 | 氹仔、路环。

215. 斯秘夜蛾

Mythimna snelleni Hreblay, 1996

生活习性 | 多栖息于中海拔森林带。

形态特征 | 翅展23～26毫米。

体、前翅茶灰褐色。前翅前缘黑褐色，端半部均匀散布白色细斑点；内线灰黄色，波状；中区颜色较暗淡；环纹圆形，灰黄色；肾纹斜椭圆形，略带灰黄色掺杂褐色；肾纹后侧具1个黑褐色斑块；外线灰黄色，略呈波状，其外侧为浅黄色宽带，与波状亚端线相接；端线由翅脉间淡黑色小点组成。后翅前半段淡褐色；横脉纹浅褐色，椭圆形；其后色调渐深。

分　　布 | 澳门、浙江、湖南、台湾、广东、云南；日本、泰国、印度、尼泊尔、巴基斯坦、印度尼西亚。

采集记录 | 氹仔、路环。

216. 白脉粘夜蛾

Leucania venalba Moore, 1867

寄　　主｜水稻。

形态特征｜翅展30～32毫米。

头、胸部及前翅浅赭黄色；颈板有2条黑灰色线，近端部具1条褐纹。腹部灰黄色。前翅翅脉白色衬褐色，各脉间有1条黑色纵纹；内线仅前端现1个黑点和中室后的2个黑点；中室后缘的白斑较粗；外线为1列黑点；顶角具1个斜纹。后翅白色半透明，顶角区微黄。

分　　布｜澳门、湖北、福建、台湾、海南、云南；越南、柬埔寨、印度、缅甸、尼泊尔、斯里兰卡、菲律宾、马来西亚、新加坡、印度尼西亚。

采集记录｜澳门半岛、氹仔、路环。

217. 玉粘夜蛾

Leucania yu Guenée, 1852

寄　　生 | 雀稗及甘蔗属植物。

形态特征 | 翅展26～29毫米。

头部黄褐色。胸部枯黄色带赭色。腹部枯黄色带浅褐色。前翅枯黄色至黄褐色，翅面散布极细密棕黑色鳞片，翅脉颜色均浅于翅面；中室后缘及横脉外侧衬褐色；内线褐色；环纹为1个黑点；中室后角有1个黑点；肾纹紫褐色；外线褐色，锯齿形，在翅脉上为黑点；顶角有褐纹；外缘有1列黑点。后翅褐色或浅褐色，缘区略带黑色调；翅脉黑褐色。

分　　布 | 澳门、台湾、广东、云南；日本、越南、印度、尼泊尔、斯里兰卡、马来西亚、新加坡、印度尼西亚、澳大利亚、巴布亚新几内亚、所罗门群岛、斐济。

采集记录 | 氹仔、路环。

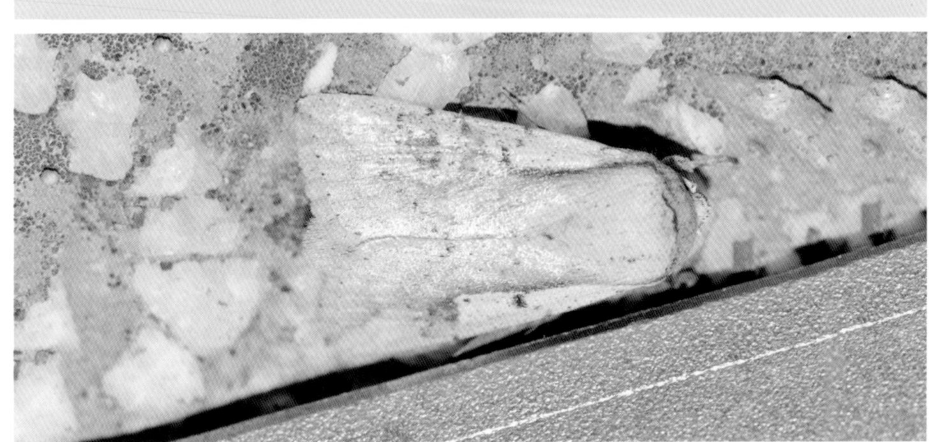

218. 弥案夜蛾

Analetia micacea (Hampson, 1891)

形态特征 | 翅展26～29毫米。

头、胸部灰色杂浅褐色并带浅紫红色。腹部褐赭色。前翅赭白色，翅面散布极细密棕黑色鳞片，各翅脉颜色明显浅于翅面；内线黑色略可见，呈波浪形弯曲，于翅脉处呈明显黑点；环状纹、中线和肾纹不明显；中室内后半部黄白色；中脉黄白色、粗大；M_3脉及CuA_1脉黄白色，并与中脉相接；外线黑色波浪形弯曲，在翅脉处呈明显黑点；端线由翅脉间黑色小点组成；顶角具1条浅色条带，斜向内延伸并与外线相接。后翅白色，缘区部分略带黑色调。

分　　布 | 澳门、广东、云南；印度、斯里兰卡、泰国、菲律宾。

采集记录 | 路环。

219. 毛健夜蛾

Brithys crini (Fabricius, 1775)

别　　名｜葱兰夜蛾、文殊兰夜蛾。

寄　　主｜蕙兰、文珠兰、葱兰等。

形态特征｜翅展36～43毫米。

头、胸部暗褐色，头顶与颈板基部黑色。腹部白色带黑褐色。前翅铅灰色带暗褐色；前缘带黑色；内线黑色，波浪形；肾纹浅褐灰色，围以红褐色环；外线黑色锯齿形；亚端线黄白色，间断为新月形点列，其内方具1条灰黄色宽带，其中有1列红褐色纹；线外侧暗褐色。后翅白色，前缘带暗褐色。

分　　布｜澳门、广西；日本、印度、缅甸、斯里兰卡、新加坡、印度尼西亚等。

采集记录｜路环。

（十一）夜蛾亚科 Noctuinae

220. 小地老虎

Agrotis ypsilon (Hüfnagel, 1766)

别　　名｜黑地蚕、切根虫、土蚕。

寄　　主｜棉、玉米、小麦、高粱、烟草、马铃薯、麻、豆类、蔬菜等。

生活习性｜食性杂，是对农作物、林木幼苗危害很大的地下害虫。

形态特征｜翅展40～54毫米。

雄性触角栉齿状，雌性触角丝状。头、胸部及前翅褐色或黑灰色。腹部灰褐色。前翅前缘区较黑；翅脉纹褐色；基线不明显；内线褐色，双线状，波状；环纹暗灰色，有灰黄色边和黑色边，外侧具尖齿；中线褐色，略模糊；肾纹暗灰色，内有黑线，具灰黄色边和黑色边；肾纹外方有1条楔形黑纹；外线均褐色，双线状，线间色浅；中、外线间略带灰绿色；亚端线灰白色，锯齿形，内侧中部有楔形黑纹，外侧有黑斑；端线褐色，为1列短线。后翅白色，半透明，翅脉和周围浅褐色。

分　　布｜世界性分布。

采集记录｜路环。

十四、尺蛾科 Geometridae

尺蛾科是鳞翅目中仅次于夜蛾科的第二大科，分布广泛。体小至大型，身体瘦狭，翅大而薄，静止时四翅平展，通常无单眼，毛隆小，具喙和翅缰。前翅有1～2个副室，R_5与R_3、R_4共柄，M_2通常靠近M_1。后翅Sc基部常强烈弯曲，与Rs靠近或部分合并。足细长，具毛或鳞。腹部细长，有1对听器，位于腹基部气门下方。幼虫寄主植物广泛，许多是森林和果树害虫，称为“尺蠖”“步曲虫”或“弓腰虫”，其腹部只在第6节和末节上各有1对足，行动时身体一屈一伸，如同人用手量尺，尺蛾由此而得名。

（一）灰尺蛾亚科 Ennominae

221. 南岭金星尺蛾

Abraxas nanlingensis Inoue, 2005

形态特征｜翅展50毫米。

体黄色。胸部背面具黑褐色不规则大斑。腹部背面中部具1列黑褐色大斑，两侧各有1列黑褐色斑点。翅乳白色。前翅基部有1个深褐色夹杂黄褐色和白色线纹的大斑；中线呈分离的铅灰色大斑状，前缘大斑内有褐色环；外线为1列铅灰色椭圆斑，斑内有褐色小斑，在后缘处形成1个深褐色带黄褐色和白色线纹的大斑；外缘为1列不规则铅灰色斑块，中部斑较大。后翅基部铅灰色；中线为铅灰色几乎相连的大斑；外线为1列铅灰色斑，斑内有褐色小斑，在后缘处形成1个深褐色带黄褐色和白色线纹的大斑；外缘为1列断续的铅灰色斑。

分　　布｜澳门、广东。

采集记录｜氹仔。

222. 新金星尺蛾

Abraxas neomartania Inoue, 1970

形态特征 | 翅展52毫米。

与南岭金星尺蛾相似，但是头、胸部铁锈色，胸部背面具1对黑褐色椭圆斑；腹部背面正中的1列黑斑更狭长。翅面大部分斑纹浅灰色；前翅中线的前缘大斑内无褐色环纹；前、后翅外线的斑列内无褐色斑纹；后翅中线仅为2个分离的小斑。

分　　布 | 澳门、广东；尼泊尔。

采集记录 | 澳门半岛、路环。

223. 油桐尺蠖

Buzura suppressaria (Guenée, 1858)

别　　名｜大尺蠖、桉尺蠖、量步虫。

寄　　主｜油桐、茶、漆树、乌桕、柑橘、扁柏、桉树等。

生活习性｜食性较广，食叶昆虫。

形态特征｜雄性翅展50～61毫米，雌性翅展67～76毫米。

雌雄异型。雄性：触角羽状。体、翅灰白色，带淡黄色调，密布黑色小点。前翅内线黑色，微波曲，内侧具浅黄色宽带；外线黑色，在M脉之间向外呈双峰形凸出；外线至外缘之间具浅黄色带；外线外侧在M_3下方有1个黑斑。后翅基部有黑色短线；外线黑色，在M脉之间呈圆形凸出；外线外侧具浅黄色带。雌性：触角丝状，内线、外线为不规则的黄褐色波状横纹。

分　　布｜澳门、河南、陕西、甘肃、江苏、安徽、浙江、湖北、江西、湖南、福建、广东、海南、香港、广西、重庆、四川、贵州、云南、西藏；印度、缅甸、尼泊尔。

采集记录｜路环。

雄性

雌性

雄性

224. 晰奇尺蛾

Chiasmia emersaria (Walker, 1861)

别　　名｜连珠尾尺蛾。

生活习性｜分布于低海拔山区。

形态特征｜翅展24～28毫米。

体、翅灰褐色。前翅顶角钩状，外缘前部内凹；内线、中线和外线呈平行的弧状纹，外线前半部分伴随几个黑褐色斑块。后翅外缘中部具尖突；中线褐色；横脉纹黑色点状；外线褐色波状，其外侧为宽阔的褐色带。

分　　布｜澳门、福建、台湾、广东、香港、广西、云南；日本、印度、斯里兰卡。

采集记录｜澳门半岛、氹仔、路环。

225. 雨尺蛾

Chiasmia pluviata (Fabricius, 1798)

形态特征 | 翅展26毫米。

体、翅灰褐色。翅外缘略呈锯齿状。前翅内线和中线褐色，略呈波状；中点黑色短线状；外线黑褐色，前半部明显外弯，后半部双线状；翅面外线至外缘区颜色加深，近顶角处有1个白斑。后翅内线褐色，略呈波状；中点黑褐色点状；外线黑褐色，直，双线状；外线外侧中部具黑色斑块。前、后翅端线黑褐色。

分　　布 | 澳门、上海、浙江、湖南、广东、云南；越南、印度、缅甸。

采集记录 | 澳门半岛、氹仔。

226. 襟霜尺蛾

Cleora fraterna (Moore, 1888)

寄　　主 | 樟、水柳、白背叶等植物。

生活习性 | 成虫具趋光性但白天常见于树干上停栖，翅平贴，翅面颜色与树皮近似，保护色极佳。

形态特征 | 翅展41～48毫米。

雄性触角近基部2/3段双栉齿状，雌性触角丝状。头部、体躯灰色或灰褐色。翅面灰白色或灰褐色，散布深灰色碎纹。前翅内线黑色，锯齿形，内侧具褐色宽带；中点扁圆形，为黑褐色环斑；外线黑色，锯齿形，外侧具褐色宽带；亚缘线白色，锯齿形，内外侧具深灰色带，外侧带在各脉上具褐色斑点；顶角下方和外缘内侧在M_3与CuA_1之间常具白斑。后翅中点为黑褐色环斑，中线仅在中点后方清楚；其余斑纹与前翅相似。

分　　布 | 澳门、青海、浙江、江西、福建、台湾、广东、海南、香港、广西、四川、云南、西藏；泰国、印度、尼泊尔、斯里兰卡、菲律宾、马来西亚、印度尼西亚。

采集记录 | 氹仔、路环。

227. 埃尺蛾

Ectropis crepuscularia (Denis *et* Schiffermüller, 1775)

别　　名 | 松埃尺蛾。

寄　　主 | 马尾松、云杉等。

生活习性 | 为害马尾松针叶，严重发生时将整片松叶吃光。老熟幼虫入土化蛹。

形态特征 | 翅展30～40毫米。

头顶、体背和翅灰黄色，散布褐色鳞。前翅内线黑色，细弱，在中室处向外弯曲，内侧具1条灰褐色带；中线模糊；中点黑色短条状；外线黑色，在各脉上向外凸出1个尖齿，外侧具1条灰褐色带并形成1个叉形斑；亚缘线灰白色，锯齿形，内侧具1条间断的黑色带；缘线为1列细小的黑点。后翅外线锯齿状，较前翅明显，外侧不具叉形斑；其余斑纹与前翅相似。

分　　布 | 澳门、黑龙江、吉林、辽宁、内蒙古、甘肃、浙江、江西、湖南、福建、广西、四川、贵州；俄罗斯、朝鲜、韩国、日本；欧洲、北美洲。

采集记录 | 氹仔、路环。

228. 虎纹拟长翅尺蛾

Epobeidia tigrata (Guenée, 1858)

形态特征 | 翅展64毫米。

体、翅橘色有黑褐色斑。前翅内侧散布斑点；内线为3个不规则斑；中点为1个大斑；外线为1列6个内斜的大斑；后缘区基部至后缘中部具1列黑点；外缘区为多个圆斑组成的宽带。后翅近似前翅。

分　　布 | 澳门、福建、台湾、广东、海南、香港、广西；朝鲜、日本、越南、印度。

采集记录 | 澳门半岛、氹仔、路环。

229. 灰绿片尺蛾

Fascellina plagiata (Walker, 1866)

形态特征 | 翅展约35毫米。

体、翅绿色或黄绿色，翅面散布稀疏黑鳞。前翅前缘浅灰褐色；内线在中室内和其下方各有1个小黑点，小黑点下至后缘有1段深灰褐色线；翅端后部2/3为1个深褐色大斑；外线弧形，由斑内穿过，较近外缘。后翅中线直而粗，红褐色，向内晕染，外侧伴随晕染的红褐色细线；外线弧形；近臀角处有1个黑灰色斑。

分　　布 | 澳门、河南、甘肃、青海、安徽、浙江、湖北、江西、湖南、福建、台湾、广东、海南、香港、广西、重庆、四川、贵州、云南、西藏；印度、缅甸、尼泊尔、马来西亚；喜马拉雅山脉。

采集记录 | 氹仔、路环。

230. 剑钩翅尺蛾

Hyposidra infixaria (Walker, 1860)

形态特征 | 翅展34～40毫米。

雌雄异型。体、翅灰黄色或灰褐色；雄性触角栉齿状，雌性触角丝状。前翅顶角稍突出但顶角钝；基部至内线之间黑褐色；雄性前缘后方具1条黑褐色横带伸到顶角；中点黑色，微小；外线黑褐色，在前缘后方向外凸出，其余部分近似平直，其外侧具1条浅色波曲伴线；亚缘线为1列带黑边的白斑，有时模糊；近臀角处具3个纵向排列的黑色斑点。后翅中线略呈弧形，模糊；外线褐色，纤细，锯齿状，其外侧伴随模糊的浅黄褐色带和微波曲线；中点、亚缘线、臀角处的黑色斑点与前翅相似。

分　　布 | 澳门、浙江、江西、福建、台湾、海南、香港、广西、云南；泰国、印度、缅甸、马来西亚、印度尼西亚。

采集记录 | 氹仔、路环。

雌性

231. 大钩翅尺蛾

Hyposidra talaca (Walker, 1860)

寄　　主｜柑橘、荔枝、龙眼等。

生活习性｜幼虫取食植物叶片。

形态特征｜雄性翅展35～45 毫米，雌性翅展55～62 毫米。

体、翅灰褐色或深灰褐色。雄性触角短栉齿状，雌性触角丝状。前翅前缘端半部较突出，顶角向外延伸，外缘近顶角处明显向内凹陷，在雌性中凹陷更深且明显；前翅内线弧形，黑褐色；中线和外线黑褐色，波状。后翅顶角略呈直角状，外缘中部明显向外突出；中线和外线与前翅相似。

分　　布｜澳门、江西、福建、台湾、广东、海南、香港、广西、贵州、云南；日本、印度、缅甸、尼泊尔、斯里兰卡、菲律宾、印度尼西亚、澳大利亚、巴布亚新几内亚。

采集记录｜氹仔、路环。

雄性

雌性

雌性

232. 三角璃尺蛾

Krananda latimarginaria Leech, 1891

寄　　主｜樟树。

形态特征｜翅展34～41毫米。

体、翅灰黄色。前翅内线褐色，明显向外突出；中室端有1个微小的褐色斑点；外线灰白色，近似平直；外线至翅外缘颜色加深；亚缘线模糊，在前、后端加粗形成斑块；顶角具灰黄色三角大斑。后翅顶角呈缺刻状；中线模糊；中室端有1个微小褐色斑点；外线和翅外缘区与前翅相似；亚缘线灰白色，曲折波状。

分　　布｜澳门、吉林、陕西、江苏、上海、浙江、江西、湖南、福建、台湾、广东、海南、香港、广西、四川；朝鲜、日本。

采集记录｜路环。

233. 蒿杆三角尺蛾

Krananda straminearia (Leech, 1897)

寄　　主｜蒿。

形态特征｜翅展25.5毫米左右。

体、翅枯黄色。前翅顶角凸出，略呈钩状；内线及中室端点较模糊；外线为模糊的褐色带，其内侧有1列小黑点。后翅外缘在Rs脉处凸角较短，其后方较平直；中室端点和外线与前翅相似。

分　　布｜澳门、甘肃、浙江、湖北、江西、湖南、福建、台湾、广东、海南、香港、广西、重庆、四川、云南；印度、缅甸、尼泊尔、泰国、新加坡、马来西亚。

采集记录｜氹仔、路环。

234. 天目耳尺蛾

Menophra tienmuensis (Wehrli, 1941)

形态特征 | 翅展32毫米。
体、翅棕褐色。翅面散布黄褐色及深棕色鳞片；外缘锯齿状。前翅内线黑褐色，锯齿状，后半部分为双线；肾形斑黑褐色点状；外线黑褐色，纤细，前部呈尖齿状外凸。后翅外线纤细，黑褐色；外缘区有黄褐色宽带。

分　　布 | 澳门及中国东南部。

采集记录 | 澳门半岛、氹仔、路环。

235. 黄缘霞尺蛾

Nothomiza flavicosta Prout, 1914

形态特征｜翅展28～36毫米。

头部黄色；胸、腹部和翅红褐色，密布深灰褐色碎纹。前翅前缘具狭窄的黄带，黄带有2个齿状突起，端部突起粗大且较长，黄带末端未到达顶角；外缘近顶角处具1个条形黄斑；内线深红褐色，从黄带基部突起处伸达后缘基部。后翅基部有深红褐色内线和中线。停息时，前、后翅内线和腹部基部的褐色线常相连。

分　　布｜澳门、福建、湖南、台湾、香港、广西。

采集记录｜路环。

236. 长尾尺蛾

Ourapteryx clara Butler, 1880

别　　名 | 白宽尾尺蛾。

形态特征 | 翅展约70毫米。

体、翅白色，微有黄色调。翅面散布灰黄色细纹，以外侧较为密集；翅外缘镶橙色边。前翅前缘排布少量褐色细纹；内、外线中等粗细，褐色斜向；中点为灰黄色短细线。后翅中部斜线灰黄色，其外侧和后端半部灰色细纹密集；尾角内侧M_1与M_3脉之间为1段黑色线，M_3后侧有1个黑点，黑线和黑点内侧紧邻1条模糊灰黄色带；尾突较长且白。

分　　布 | 澳门、江西、湖南、福建、台湾、广东、海南、香港、广西、云南；越南、泰国、印度、缅甸、尼泊尔。

采集记录 | 氹仔、路环。

237. 博碎尺蛾

Psilalcis breta (Swinhoe, 1890)

形态特征 | 翅展22～32毫米。

体、翅黄褐色或灰褐色。前翅外线外侧颜色较深，前缘具数个黑色斑点；内线黑褐色，弧形，有时纤细不明显；肾纹黑点状；中线黑褐色，弧形；外线呈不清晰的黑色锯齿状，后端与中线临近；亚缘线灰白色，锯齿状。后翅中线黑褐色，其外侧有1个黑色斑点；外线和亚缘线均为黑褐色，锯齿状，外侧伴随浅色线。

分　　布 | 澳门、广东、台湾；印度、尼泊尔、日本。

采集记录 | 氹仔、路环。

238. 笠辰尺蛾

Ruttellerona pseudocessaria Holloway, 1994

形态特征 | 翅展38～45毫米。

体褐色；翅灰褐色。前翅中点为灰黑色圆点，边缘不清晰；外线为1列黑点，外侧至端线间多棕黑色鳞片。后翅内线内侧密布黑褐色及棕褐色鳞片；中点黑褐色；外线及亚缘线黑褐色波浪状，两线间形成棕褐色宽带，散布黑色鳞片。

分　　布 | 澳门、广东、海南、香港、云南；印度尼西亚；东洋区东部。

采集记录 | 澳门半岛、路环。

（二）尺蛾亚科 Geometrinae

239. 夹竹桃艳青尺蛾

Agathia lycaenaria (Kollar, 1844)

寄　　主 | 假虎刺、夹竹桃、狗牙花、栀子等。

形态特征 | 翅展32毫米。

头顶前缘黑褐色杂红褐色，后部绿色。胸部背面及腹部背面1～4节绿色，腹部第3、第4节背面有小褐斑。前翅前缘灰褐色，散布黑褐色鳞片；翅基部褐色杂黄褐色；中线和外线褐色至黑褐色，边缘杂黄褐色，在前、中、后部均膨大成斑块；顶角有褐色或黑褐色斑块；缘线褐色或黑褐色。后翅基部有小黑褐色斑；外线与前翅相似，中部大褐色斑伸达外缘，斑内有1个白斑；缘线与前翅相似。

分　　布 | 澳门、福建、台湾、广东、海南、香港、四川；日本、印度、缅甸、菲律宾、澳大利亚。

采集记录 | 氹仔。

240. 豹尺蛾

Dysphania militaris (Linnaeus, 1758)

寄　　主｜油茶、马尾松、桃金娘、竹节树、秋茄树等。

生活习性｜成虫白天活动，飞翔能力较强，行动敏捷。

形态特征｜翅展69毫米。

体和翅大部分黄色；触角双栉状；前胸有1个长方形蓝黑紫色斑；腹部有时有蓝黑紫色横带。前翅外缘明显倾斜；基半部有蓝黑紫色斑纹，不连续；端半部为蓝紫色，有2列半透明的白斑。后翅顶角处具1条不规则的蓝紫色带；翅面散布蓝紫色斑块，中点处的蓝紫色斑较大，外线呈不规则齿状。

分　　布｜澳门、江西、福建、广东、海南、香港、广西、云南；越南、泰国、印度、缅甸、马来西亚、印度尼西亚。

采集记录｜路环。

241. 冠始青尺蛾

Herochroma cristata (Warren, 1894)

形态特征 | 翅展约48毫米。

体、翅黄绿色。前、后翅外缘微波曲，锯齿小；中点黑色，缘线为翅脉间1列黑点。前翅内线模糊，乳白色，波状，伴随红褐色掺杂黑色的斑块；外线褐色伴随乳白色线，波状，外侧有黑褐色杂红褐色的锯齿形带；亚缘线乳白色，锯齿状。后翅外线和亚缘线与前翅相似。

分　　布 | 澳门、台湾、海南、广西、四川、云南；越南（北部）、泰国、印度（东北部）、尼泊尔、不丹、印度尼西亚。

采集记录 | 氹仔。

242. 浅粉尺蛾

Pingasa chloroides Galsworthy, 1998

形态特征 | 翅展36毫米。

体、翅灰褐色。翅外缘圆锯齿形。前翅内线黑褐色波状；中点为中室端脉上的细长条；外线黑褐色锯齿形，齿尖在翅脉上呈黑点状；内线和外线之间有时色浅；外线外侧多灰褐色鳞片；亚缘线白色，略波曲；缘线褐色，在脉间为小点。后翅外线、亚缘线、缘线与前翅相似。

分　　布 | 澳门、福建、广东、香港；越南。

采集记录 | 路环。

243. 黄基粉尺蛾日本亚种

Pingasa ruginaria pacifica Inoue, 1964

形态特征｜翅展40毫米。

体灰色。翅外缘圆锯齿形；外线内侧灰白色，外线外侧褐色，后半部有浅色斑呈斑驳状。前翅前缘内线波状，深褐色，在前缘处略加粗；中点灰褐色，细长；外线黑褐色，波状，沿翅脉向外延伸出尖齿；亚缘线白色锯齿形；缘线黑褐色，在脉间略扩展成小黑斑，不连续。后翅后缘延长；外线同前翅；亚缘线较前翅粗。

分　　布｜澳门、台湾、海南、广西、云南；琉球群岛。

采集记录｜氹仔、路环。

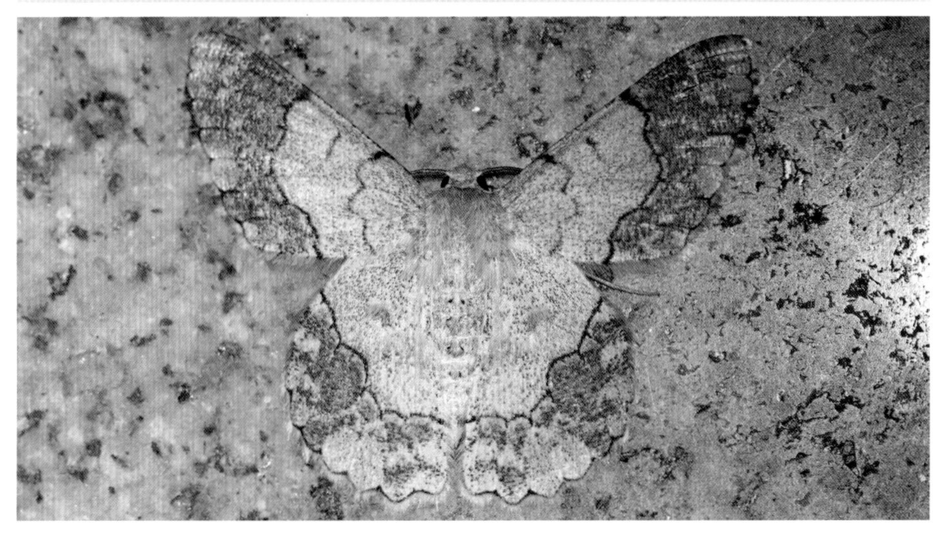

（三）姬尺蛾亚科 Sterrhinae

244. 墨绿蟹尺蛾台湾亚种

Antitrygodes divisaria perturbatus Prout, 1914

生活习性 | 分布于低、中海拔山区。

形态特征 | 翅展29～36毫米。

体灰褐色；雄性触角纤毛状，雌性触角线状具微毛；腹部背面具绿色短带状斑块。翅外缘略呈锯齿状；翅面灰褐色；前翅近基部有2列绿色横带斑，第1列为一大一小的绿斑，第2列有3个大绿斑紧邻，近顶角有3个绿斑排列；外线黑褐色，微波曲，两侧具灰色阴影；缘线黑褐色，锯齿状。后翅具3个大绿斑；外线模糊；亚缘线为模糊的灰红褐色宽带，其中部外侧具1个褐色斑块；缘线与前翅相似。

分　　布 | 澳门、福建、台湾、广东、海南、广西、云南；日本、印度、马来西亚、印度尼西亚。

采集记录 | 氹仔、路环。

245. 隐带褐姬尺蛾

Perixera minorata (Warren, 1897)

形态特征 | 翅展19～25毫米。

体、翅浅红褐色。前翅内线、外线和亚缘线褐色，略呈锯齿状；中点微小，有时不明显。后翅外线和亚缘线与前翅相似；中点为1个白色带黑褐色边的小圆斑。

分　　布 | 澳门、台湾、海南等；日本、印度尼西亚、澳大利亚。

采集记录 | 氹仔、路环。

246. 邻眼尺蛾

Problepsis paredra Prout, 1917

形态特征｜翅展26毫米。

头黑色；雄性触角双栉状。胸部乳白色。腹部背面灰黄褐色，各腹节背中线上有深色斑，后缘有白边。翅乳白色略带浅黄色调。前翅中部具倒置的梨形眼斑，散布黑鳞，其后方有小圆斑。后翅中部后半部具黑色的肾形眼斑，其后方小斑边缘模糊。前、后翅眼斑外侧具浅灰色外线，模糊，带状；亚缘线为浅灰色圆斑列；缘线为浅灰色碎斑。

分　　布｜澳门、陕西、甘肃、浙江、湖北、江西、湖南、福建、广东、广西、四川、云南。

采集记录｜氹仔、路环。

247. 双珠严尺蛾

Pylargosceles steganioides (Butler, 1878)

寄　　主 | 蔷薇、草莓、秋海棠、牛膝等多种植物的叶片。

形态特征 | 翅展19～24毫米。

头部紫褐色。胸、腹部背面黄褐色，胸部前端有1条紫褐色横带。前、后翅外缘圆；翅面黄褐色，斑纹红褐色至紫褐色。前翅前缘深褐色；内线波状；中点黑褐色；外线粗壮，略呈双线状，弧形；亚缘线波状。后翅外线和亚缘线与前翅相似，亚缘线颜色稍浅。

分　　布 | 澳门、北京、山东、江苏、湖南、福建、台湾、香港；朝鲜、韩国、日本。

采集记录 | 路环。

248. 紫条尺蛾

Timandra recompta (Prout, 1930)

寄　　主 | 萹蓄。

形态特征 | 翅展20～25毫米。

体、翅浅灰褐色，额微突出。前翅内线褐色，略呈弧形；中点黑褐色；从顶角伸出1条紫红色条纹至后缘近中部；缘线褐色，波状，前部与紫红色条纹重合。后翅外缘中部具尖突；从前缘中部伸出至后缘中部的紫红色条纹与前翅相似（停息和展翅时两线相连）；亚缘线褐色，中部略外凸。翅外缘略带紫红色。

分　　布 | 澳门、黑龙江、吉林、辽宁、内蒙古、北京、河北、山东、河南、宁夏、上海、浙江、湖北、江西、湖南、云南；俄罗斯、朝鲜、日本；亚洲中部。

采集记录 | 澳门半岛。

249. 巾纺尺蛾

Traminda aventiaria (Guenée, 1857)

形态特征 | 翅展26～30毫米。

体、翅橄榄绿色或黄褐色。前翅外缘顶角后有圆弧形凹刻，具黑褐色边；中点为黑褐色圆形环斑；前翅从顶角前伸出1条褐色斜线至后缘基部3/5处，有时斜线外侧伴随黄线；亚缘线为1列微小斑点。后翅外缘中部具尖突；中点为1个小白斑，从前缘中部伸出至后缘中部的斜纹与前翅相似（停息和展翅时两线相连）。

分　　布 | 澳门、福建、台湾、海南、广西、云南；日本、印度、斯里兰卡、菲律宾、马来西亚、印度尼西亚、澳大利亚、巴布亚新几内亚。

采集记录 | 路环。

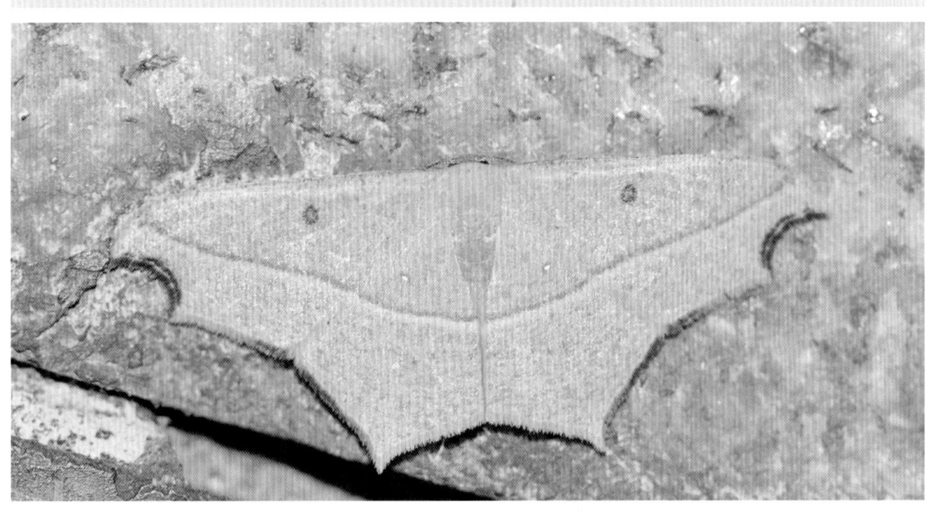

（四）德尺蛾亚科 Desmobathrinae

250. 赤粉尺蛾

Eumelea biflavata Warren, 1896

寄　　主｜大戟科植物。

形态特征｜翅展37～45毫米。

体纤细，橙黄色散布玫红色碎斑；胸部前缘有深玫红色带。前、后翅橙黄色，散布玫红色碎斑；前、后翅外线为玫红色窄带；亚端带玫红色，稍宽，略有不规则曲折。停息时前、后翅外线和亚端带连续。

分　　布｜澳门、香港；日本；喜马拉雅山脉东北部、东南亚。

采集记录｜氹仔。

251. 雌黄粉尺蛾

Eumelea ludovicata Guenée, 1857

别　　名｜散斑赤粉尺蛾。

生活习性｜主要分布于低海拔山区，为常见的种类。白天访花取食花蜜，晚间有些个体也具有趋光性。雌性白天常以倒挂的方式停栖于叶背，在林中走动时常被惊动飞起，不久又钻进叶背躲藏。

形态特征｜翅展约50毫米。

雌雄异型。雄性前、后翅均为褐红色且细布黄色斑纹；前翅亚缘线深红褐色带状，其内侧有不规则黄色斑块。雌性前、后翅则均为黄色而细布褐色斑纹，有时以外缘前部和后缘近臀角处的斑块较大；前翅亚缘线褐色，带状；后翅的斑纹有时以前缘中部的斑块最大。

分　　布｜澳门、台湾、海南；日本、印度、缅甸、斯里兰卡、菲律宾。

采集记录｜氹仔。

雌性

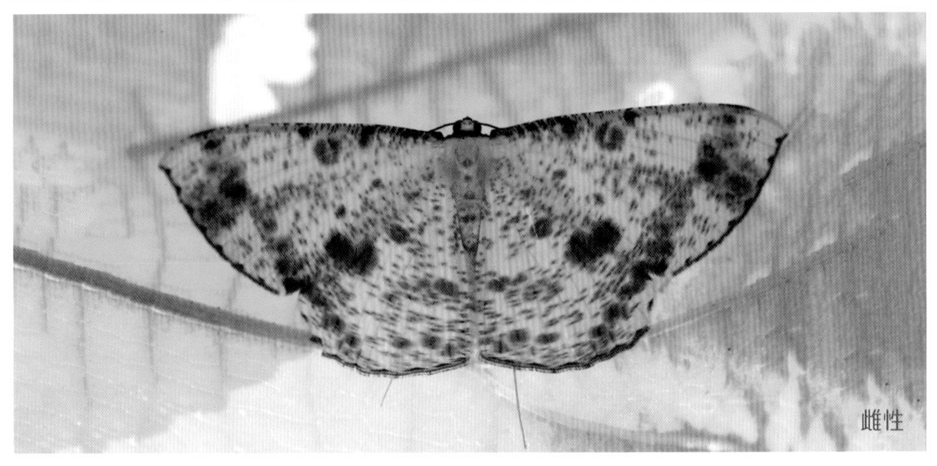
雌性

十五、燕蛾科 Uraniidae

中、小型至大型蛾类。有的种类色泽鲜明美丽，日出性，后翅有明显的尾突，形似凤蝶。有的种类夜出性，不具有鲜明的颜色，后翅有小而尖的突起。主要分布于热带及亚热带。幼虫腹足俱全，蛹有丝茧，部分幼虫的寄主是大戟科植物。

（一）双尾蛾亚科 Epipleminae

252. 三角斑双尾蛾

Phazaca kosemponicola (Strand, 1916)

生活习性｜主要分布于低海拔山区，夜间趋光，白天容易在草丛或叶面发现，为常见的种类。

形态特征｜翅展18～20毫米。

翅面灰褐色。前翅前缘有1个“U”形的黑褐色斑纹，斑外缘围浅黄色边；后缘有1个黑褐色的三角形斑，外缘镶浅黄色边。后翅中央有1条暗褐色的曲折的宽带纹，外缘镶浅黄色边；翅外缘近中部具微小的尖突。

分　　布｜澳门、台湾、香港；朝鲜、日本。

采集记录｜氹仔、路环。

（二）微燕蛾亚科 Microniinae

253. 一点燕蛾

Micronia aculeata Guenée, 1857

生活习性｜分布于低、中海拔山区，停栖时展翅。

形态特征｜翅展38～42毫米。

体、翅白色。翅面具土灰色纹；前翅密布横向的细纹；前、后翅各有3条土灰色横带，中带略深而宽，内带不是很完整；后翅外带锯齿形；前、后翅外缘上均有1条深褐色细线；后翅尾带基部有1个黑色圆点，左右各有2～3个小黑点。

分　　布｜澳门、台湾、香港、云南及华南地区；印度、缅甸、斯里兰卡、印度尼西亚。

采集记录｜路环。

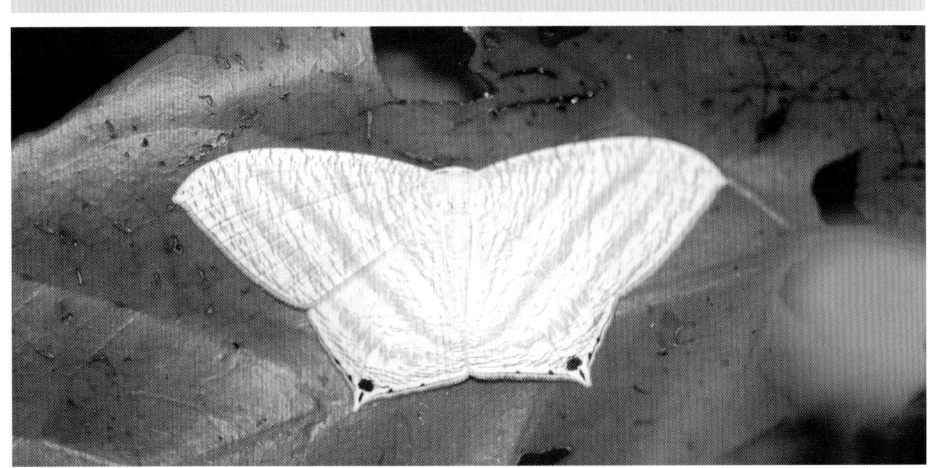

（三）燕蛾亚科 Uraniinae

254. 大燕蛾

Lyssa zampa (Bulter, 1869)

别　　名 | 热带燕尾蛾。

寄　　主 | 桃金娘科、大戟科植物。

生活习性 | 主要分布于热带及亚热带地区，4—9月于低、中海拔山区活动，成虫可日间活动，夜间有趋光性，静息时前后翅平铺。幼虫可取食叶、花、果及嫩枝，在落叶中化蛹。

形态特征 | 翅展98～110毫米。

大型蛾类。触角黑褐色线状。翅面褐色至黑褐色，有光泽，无翅缰。前后翅中带较窄，粉白色。前翅宽大，前缘黑白相间形成节形纹，并有棕黑色散纹，外侧有较宽的黑褐色区域；后翅基部赭色，端部色浅，外缘中部有1个尖齿状突，臀角有1个长尾突，端部白色，似燕子尾巴故亦称热带燕尾蛾。

分　　布 | 澳门、湖南、福建、台湾、海南、广东、广西、重庆、贵州、云南；印度、泰国、新加坡、印度尼西亚、菲律宾。

采集记录 | 路环。

十六、钩蛾科 Drepanidae

钩翅蛾科的简称。中型蛾类。该科昆虫头被光滑或略粗糙的鳞片；无单眼，无毛隆；触角多为线状或双栉齿状，长度多为前翅长的一半以下；有喙或喙退化。翅形较宽大，顶角大多突出呈钩状，也有顶角圆而不外凸；翅底色多为黄色、褐色或少数为白色。腹部第1节有听器；第2节侧板有发达的感毛丛或只留1个半月形的感器孔。

255. 细纹黄钩蛾

Drapetodes mitaria Guenée, 1857

寄　　主 | 月桃、野姜花等植物。

形态特征 | 成虫中、小型，翅展21 毫米。体、翅大部分浅黄色；头部黄褐色。前翅基部明显隆起；前缘带宽，黄褐色，带中部具有错开的黑褐色纵纹，端半部黑褐色纵纹与外缘黑褐色斑点列相连；翅基部具外凸近“V”形黄褐色双线；中室端部有2个黑色斑点；从顶角发出3条并行的波状黄褐色线纹达后缘中部。后翅基部具2～3条黄褐色线纹；中部具褐色宽带，宽带中部有1个黑色斑点；近外缘为黄褐色双线。

幼虫身体扁平，模样很像树皮。

分　　布 | 澳门、台湾、香港；泰国、印度、马来西亚、新加坡、印度尼西亚。

采集记录 | 路环。

256. 宏山钩蛾

Oreta hoenei Watson, 1967

形态特征 | 翅展35毫米。

头赭红色，触角赭褐色、单栉状。胸部背面黄褐色至赭褐色，腹面红色。腹部背面棕褐色夹杂红色，腹面红色。前翅顶角外凸，外缘波状；赭褐色，前缘有2个黑斑；中室端有1个不明显的灰色小点；自顶角至后缘2/3处有1条隐约可见的浅色斜线；臀角内侧有1个棕色圆斑。后翅赭褐色，外半部有顺翅脉列方向的棕色小点。前、后翅反面赤褐色，有许多小黑点。

分　　布 | 澳门、山西、陕西、浙江、江西、福建、四川、云南。

采集记录 | 路环。

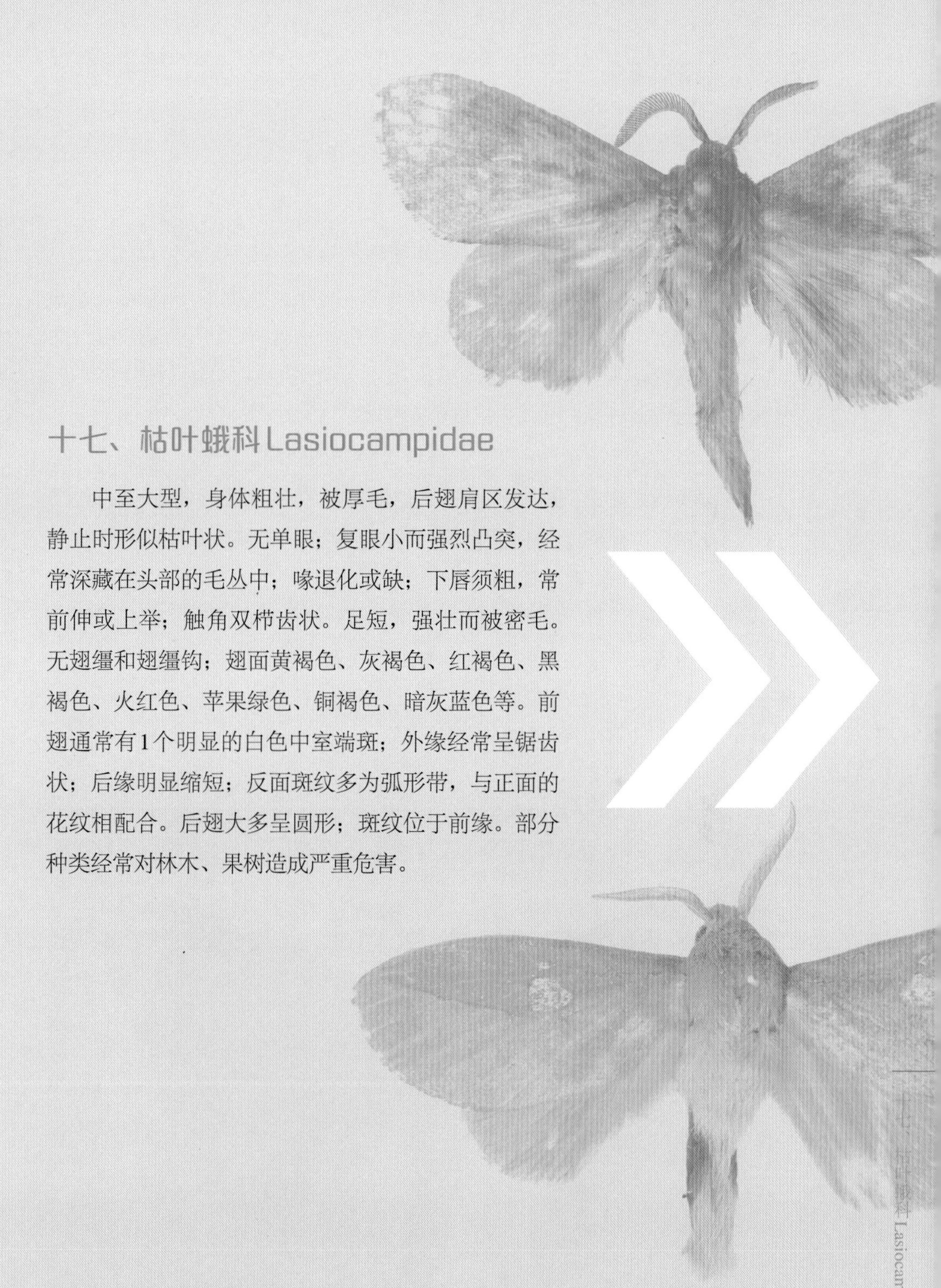

十七、枯叶蛾科 Lasiocampidae

中至大型，身体粗壮，被厚毛，后翅肩区发达，静止时形似枯叶状。无单眼；复眼小而强烈凸突，经常深藏在头部的毛丛中；喙退化或缺；下唇须粗，常前伸或上举；触角双栉齿状。足短，强壮而被密毛。无翅缰和翅缰钩；翅面黄褐色、灰褐色、红褐色、黑褐色、火红色、苹果绿色、铜褐色、暗灰蓝色等。前翅通常有1个明显的白色中室端斑；外缘经常呈锯齿状；后缘明显缩短；反面斑纹多为弧形带，与正面的花纹相配合。后翅大多呈圆形；斑纹位于前缘。部分种类经常对林木、果树造成严重危害。

257. 马尾松毛虫

Dendrolimus punctata (Walker, 1855)

别　　名｜松蚕、毛辣虫等。

寄　　主｜马尾松、黑松、湿地松、火炬松等。

生活习性｜幼虫取食松针，是常见的森林害虫，常吃光针叶，仅留枝条，造成松树大面积死亡。珠江流域每年发生3～4代，以幼虫在树皮缝、枯枝落叶下越冬，卵产于针叶上。

形态特征｜雄性翅展18～30毫米；雌性翅展43～57毫米。

雄性体色褐色至深褐色；雌性体色一般较深，斑纹不明显。头小；下唇须突出；复眼黄绿色。前翅较宽，外缘呈弧形弓出；翅面有5条深棕色横线；中室末端有1个白色圆点；外线由8个小黑点组成。后翅无斑纹，暗褐色。

分　　布｜澳门、河南、陕西、江苏、安徽、浙江、湖北、江西、湖南、福建、台湾、广东、海南、广西、四川、贵州、云南；越南。

采集记录｜路环。

258. 竹纹枯叶蛾

Euthrix laeta (Walker, 1855)

别　　名 | 竹黄毛虫。

寄　　主 | 竹、芦等。

形态特征 | 雄性翅展41～53毫米，雌性翅展61～74毫米。

体、翅橘红色或红褐色。前翅前缘略隆起，由外缘至后缘呈圆弧形；中室末端有1个较大的白斑，白斑上被有少量赤褐色鳞片，其上方有1个白色小斑；翅顶角至中室端下方有1条紫褐色斜线，由中室端下方至后缘略有曲折，颜色较浅；斜线至外缘区粉褐色，布满紫褐色鳞片；亚外缘斑呈长椭圆形斜列；中室后方至后缘靠基角区有时鲜黄色。后翅前缘区赤褐色，后大半部黄褐色。

分　　布 | 澳门、黑龙江、河北、山西、河南、陕西、甘肃、江苏、安徽、浙江、湖北、江西、湖南、福建、台湾、广东、海南、广西、四川、云南；俄罗斯（远东）、朝鲜、日本、越南、泰国、印度、尼泊尔、斯里兰卡、马来西亚、印度尼西亚。

采集记录 | 路环。

十八、大蚕蛾科 Saturniidae

体型巨大，翅展一般在100～140 毫米，最大的翅展可达250 毫米。喙不发达；无下颚须；下唇须短或不发达；触角宽大，双栉状。翅宽大，中室端部常具有眼形纹或月牙形纹；前翅顶角大多向外突出；后翅肩角发达，无翅缰；有些种类的后翅臀角延伸呈飘带状。该科包括了重要的产丝昆虫，如柞蚕、蓖麻蚕都是放饲或家饲的著名蚕种，产丝量极丰。

259. 绿尾大蚕蛾

Actias selene ningpoana Felder, 1862

别　　名 | 水青蚕、柳蚕、燕尾蚕等。

寄　　主 | 柳、枫杨、乌桕、胡桃、樟树、梨、赤杨、鸭脚木等。

形态特征 | 翅展100～130毫米。

体被较密的白色长毛，有些个体略带淡黄色。头灰褐色；触角土黄色。胸足的胫节和跗节均为浅绿色，被有长毛。翅粉绿色，基部有较长的白色茸毛。前翅前缘暗紫色，混杂有白色鳞毛；中室端有1个眼形斑；翅脉及两条与外缘平行的细线均为淡褐色；外缘黄褐色。后翅中室端有比前翅略小的眼形纹；自M_3脉以后延伸成尾形，长达40毫米，尾带末端常呈卷折状；外线单行褐色，有的个体不明显。

分　　布 | 澳门、吉林、辽宁、河北、河南、江苏、浙江、湖北、江西、湖南、福建、台湾、广东、海南、广西、四川、云南、西藏；日本。

采集记录 | 路环。

十九、天蛾科 Sphingidae

中至大型蛾类。身体粗壮，纺锤形，腹部末端尖。头较大，无单眼，喙发达；触角线状，粗厚，端部成钩。前翅狭长，顶角尖锐，外缘倾斜，颜色常鲜明；后翅较小，呈短三角形，色较暗且常被厚鳞。飞翔力强，经常飞翔于花丛间取蜜，能停留在空中，与蜂鸟相似。幼虫第8腹节有1个尾角，主要为害林木、果树，也有些种类为害农作物及蔬菜、牧草，且常造成暴发性灾害。世界性分布，以热带地区种类最多，大多数种类夜间活动。

（一）天蛾亚科 Sphinginae

260. 鬼脸天蛾

Acherontia lachesis (Fabricius, 1798)

寄　　主｜茄科、豆科、木樨科、紫葳科、唇形科等植物。

生活习性｜夜晚会趋光，飞翔能力不强，白天停栖于与翅色近似的树干上。因成虫胸部背面的骷髅形斑纹而得名。

形态特征｜体型较大，翅展100～125毫米。

头、胸部褐色；胸部背面具骷髅形斑纹，其两侧有黑褐色条斑。腹部黄色，各环节间有褐色横带，背线青蓝色较宽，第5环节后盖满整个背面。前翅黑褐色或褐色，散布白色及黄褐色鳞片；内线及外线各由数条深浅不同的波状纹组成；中室端有1个灰白色小点；顶角处茶褐色。后翅杏黄色；基部、中部及外缘处有较宽的黑色横带三条；后角附近有1个灰蓝色斑。

分　　布｜澳门、湖南、福建、台湾、广东、海南、香港、广西、云南；日本、印度、缅甸、斯里兰卡、巴布亚新几内亚；东南亚。

采集记录｜澳门半岛、路环。

261. 白薯天蛾

Agrius convolvuli (Linnaeus, 1758)

别　　名｜甘薯天蛾。

寄　　主｜番薯、牵牛花、旋花、扁豆、赤小豆、番杏（蕹菜）等。

形态特征｜翅展90～120毫米。

体、翅暗灰色，肩板有黑色纵线。腹部背面灰色，两侧各节由前至后有白色、红色、黑色3条横纹。前翅翅面有紫黄色金属光泽；内、中、外横带各为2条深棕色的尖锯齿线，中、外线之间靠后部有2条纤细的纵线；顶角有黑色斜纹。后翅有4条黑褐色横带，外侧3条波状。

分　　布｜澳门、河北、山西、山东、河南、安徽、浙江、台湾、广东；澳大利亚；南亚、东南亚、欧洲西部、非洲。

采集记录｜路环。

（二）长喙天蛾亚科 Macroglossinae

262. 绒绿天蛾

Angonyx testacea (Walker, 1856)

形态特征｜翅展55～60毫米。

体褐绿色，颜面茶褐色，身体腹面污黄色。前翅中线灰白色波状，中线至翅基为褐绿色或褐色；亚外缘线齿状，棕褐色；中线至亚外缘线间呈黄色或褐色，内侧有时发白，近前缘有褐绿色或棕褐色斑；亚外缘线至外缘间呈棕色，有时不均匀，后半部呈褐色；前翅顶角有1条浅色斜线与亚外缘线交叉，使顶角呈现浅色三角形斑。后翅黑褐色；中部有暗黄色不规则宽带；臀角处有绿色斑块；缘毛黄色。翅反面褐黄色，各横线棕褐色。

分　　布｜澳门、湖南、福建、台湾、广东、海南、香港、云南；印度、缅甸、斯里兰卡、马来西亚、巴布亚新几内亚、澳大利亚；东南亚。

采集记录｜路环。

263. 茜草白腰天蛾

Daphnis hypothous (Cramer, 1780)

寄　　主 | 金鸡纳树、钩藤属植物等。

形态特征 | 翅展95～110毫米。

头部和前胸紫红褐色或灰褐色；触角枯黄色；中、后胸中部有近三角形灰褐色纵斑，两侧紫红褐色或棕绿色。腹部基部棕绿色具1条白色横带，其余部分颜色稍浅。前翅褐绿色，基部粉白色，有1个小黑点；内线较直，白色带状；内线与翅基间有1个浅褐色带白边的带状斑，弧形，在带的前、后缘处加宽；中线为浅褐色带状，曲折，带白边，后半部有时为灰蓝色至褐绿色；中线至外缘的翅面灰褐色；顶角有1个小白斑，其下方有1个三角形褐绿色斑。后翅中央有1条枯黄色横带，横带至基部褐绿色，至外缘紫褐色。

分　　布 | 澳门、海南、四川、云南；澳大利亚；南亚、东南亚、非洲。

采集记录 | 路环。

264. 红后斜线天蛾

Hippotion rafflesi (Moore, [1858])

寄　　主 | 凤仙花等。

形态特征 | 翅展55毫米左右。

体茶褐色，头及肩板两侧有白色鳞片；胸部背线灰褐色。腹部背板茶褐色，灰褐色背线与胸部背线相连，背线中间夹杂1条深色的细线；两侧赭黄色有金色闪光。前翅赭褐色，基部略发白；中室端有1个黑色小点；自顶角向后缘中部有棕褐色斜带和夹杂2条棕褐色细线的白带，向外侧有棕褐色线和浅色线相间排列至外缘。后翅红色，后缘枯黄色；外缘带茶褐色。

分　　布 | 澳门、海南、云南等；泰国、印度、缅甸、尼泊尔、斯里兰卡、菲律宾、马来西亚、印度尼西亚。

采集记录 | 路环。

265. 长喙天蛾

Macroglossum corythus Walker, 1856

寄　　主 | 鸡眼藤及鸡屎藤属（茜草科）、九节属植物等。

形态特征 | 翅展50～60毫米。

体棕褐色；下唇须及胸部腹面白色；腹部第4节两侧有白点，尾毛呈刷状。前翅深棕色，不均匀散布灰蓝色鳞片；各横线棕黑色波状，略模糊。后翅棕黑色，中部有黄色横带。

分　　布 | 澳门、黑龙江、吉林、辽宁、北京、山东、江苏、湖北、江西、湖南、福建、海南、香港、广东、广西；日本、印度、菲律宾、澳大利亚（北部）；南亚、东南亚。

采集记录 | 路环。

266. 佛瑞兹长喙天蛾

Macroglossum fritzei Rothschild *et* Jordan, 1903

别　　名 | 暗带长喙天蛾。

生活习性 | 分布于低海拔山区，夜行性，为常见的种类。

形态特征 | 翅展44毫米。

体、翅灰褐色，头、胸部背面有1条较窄的黑褐色中带；胸部两侧有横“V”形灰白色细线；腹部基部两侧有黄斑。前翅基部有不明显的椭圆形灰白色环斑，其外侧为从前缘中部斜伸至后缘基部的灰白色窄带，外侧伴随黑褐色横带；中线黑褐色，双线波状；外线灰白色波状；外缘有灰蓝色调，近顶角处有1个弯月形小黑斑和1个近长方形黑斑。后翅黑色，中部黄带较宽。

分　　布 | 澳门、陕西、浙江、湖北、江西、湖南、福建、台湾、海南、香港、广东、广西、贵州；日本、泰国、尼泊尔、马来西亚、印度尼西亚。

采集记录 | 氹仔、路环。

267. 黑长喙天蛾

Macroglossum pyrrhosticta Butler, 1875

别　　名 | 黄斑长喙天蛾。

寄　　主 | 鸡矢藤属植物。

形态特征 | 翅展49毫米。

体、翅黑褐色。头、胸部有黑色背线，肩板两侧有黑褐色鳞毛。前翅基部略呈蓝黑色；内线黑褐色宽带状，略呈弧形；中线双线状，棕褐色，呈波状弯曲；外线灰色不明显；外缘有灰蓝色调，近顶角处有1个三角形小黑斑和1个近长方形黑斑。后翅黑色，中部黄带近臀角处宽。

分　　布 | 澳门、海南、香港、四川、贵州、黑龙江、吉林、辽宁及广东等沿海地区、华北；朝鲜、日本、越南、泰国、印度、斯里兰卡、菲律宾、马来西亚。

采集记录 | 氹仔。

268. 北京长喙天蛾

Macroglossum saga Butler, 1878

寄　　主｜茜草科植物。

形态特征｜翅展60毫米。

体、翅棕褐色；头及胸背部有黑褐色纵带。腹部第3、第4节两侧有橙黄色斑，侧板上有白色点，尾毛黑色刷状。前翅基部略呈蓝黑色；内线黑褐色宽带状，略呈弧形；中线双线状，黑褐色，呈波状弯曲；外线大部分黑褐色；中线和外线间在翅前缘形成1个灰白色方斑，其外侧有1个红棕色斑；外缘略有灰蓝色调。后翅黑色，中部黄带窄，略呈弧形。

分　　布｜澳门、北京、台湾、广东、香港；日本、越南、泰国、印度、尼泊尔、马来西亚。

采集记录｜路环。

269. 土色斜纹天蛾

Theretra latreillii (Macleay, [1826])

寄　　主｜葡萄属、凤仙花、秋海棠、伞罗夷、青紫葛等。

形态特征｜翅展64毫米左右。

体、翅灰黄色，头及胸部两侧有灰白色鳞毛。腹部背面有隐约的棕色条纹。前翅外缘及后缘直；翅基有灰黑色斑；中室端有1个小黑点；自顶角至后缘中部有灰黑色和灰白色斜纹数条。后翅黑褐色，前缘和后缘有不规则的浅色区。

分　　布｜澳门、浙江、台湾、海南、广东；澳大利亚；南亚、东南亚。

采集记录｜路环。

270. 青背斜纹天蛾

Theretra nessus (Drury, 1773)

寄　　主 | 芋、水葱等植物。

形态特征 | 翅展105～115毫米。

体褐绿色，头及胸部两侧有灰白色毛，胸部背面中间褐绿色，两侧棕黄色。腹部背面中间是褐绿色宽带，两侧有橙黄色带，腹面橙黄色，中部有灰白色带。前翅顶角外突稍向下方弯曲；翅面大部分褐色，基部及前缘暗绿色，基部后方有黑、白交杂的鳞毛，其外侧灰黄色；自顶角至后缘中部有灰黄色宽带，内有2条赭褐色斜纹，斜纹外侧为棕褐色窄带。后翅黑褐色，外缘至后角有灰黄色锯齿状窄带，有时近顶角处散布黑褐色鳞片；外缘带褐绿色。

分　　布 | 澳门、福建、台湾、广东、香港；日本、朝鲜、巴布亚新几内亚、澳大利亚；南亚、东南亚。

采集记录 | 路环。

（三）目天蛾亚科 Smerinthinae

271. 豆天蛾

Clanis bilineata tsingtauica Mell, 1922

别　　名｜大豆天蛾、豆青虫。

寄　　主｜大豆、洋槐、刺槐、葛属、黎豆属等植物。

生活习性｜成虫昼伏夜出，白天栖息于茂密的高秆作物中上部，晚间活动。飞翔能力强，可以远距离高飞。

形态特征｜翅展100～120毫米。

体、翅黄褐色；头及胸部背侧有纤细的暗褐色纵线，胸部前部黑褐色；腹部背面各节后缘有棕黑色横纹。前翅狭长，前缘近中央有较大的灰黄色三角形斑；内线及中线均为褐色波状纹，有时模糊；外线为褐色波状纹；顶角有1条暗褐色三角形纹。后翅暗褐色，基部近黑色，后角附近枯黄色。

分　　布｜中国除西藏尚未查明外，各省、区均有分布；朝鲜、日本、印度。

采集记录｜路环。

272. 栗六点天蛾

Marumba sperchius (Ménétriès, 1857)

寄　　主 | 栗、栎、槠树、核桃。

形态特征 | 翅展90～120毫米。

体、翅浅棕褐色，从头顶到腹部末端有1条暗褐色背线。前翅斑纹赭色；中室端脉斑短线状，有白色小斑点；基部3条横线呈单线状；内线、中线和外线呈双线状，外线后半部弯曲度较大，迂回至中线靠近；外缘线双线状，前部直，后部弯；臀角内侧有2个赭黑色斑，大小常有变化。后翅赭黄色，翅面颜色不均匀；后角有赭黑色斑。

分　　布 | 澳门、北京、河北、湖南、台湾、黑龙江、吉林、辽宁；朝鲜、日本、印度。

采集记录 | 氹仔、路环。

主要参考文献

陈一心，1982．夜蛾科新种及新亚种记述（鳞翅目：夜蛾科）[J]．昆虫学报，25（2）：199–200．

陈一心，1982．夜蛾科新种及新亚种记述（鳞翅目：夜蛾科）[J]．昆虫学报，25（4）：434–435．

陈一心，1999．中国动物志第15卷：夜蛾科[M]．北京：科学出版社．

EASTON E R，潘永华，1995．澳门常见的飞蛾[M]．澳门：澳门大学出版中心．

段兆尧，2014．中国西南地区髯须夜蛾属三新记录种的记述（鳞翅目:夜蛾科）[J]．林业科技情报，46（1）：7–9．

方承莱，2000．中国动物志昆虫纲第19卷：鳞翅目灯蛾科[M]．北京：科学出版社．

方育卿，2003．庐山蝶蛾志[M]．南昌：江西高校出版社．

韩红香，汪家社，姜楠，2021．武夷山国家公园钩蛾科尺蛾科昆虫志[M]．西安：世界图书出版社．

韩红香，薛大勇，2011．中国动物志昆虫纲第54卷：鳞翅目尺蛾科尺蛾亚科[M]．北京：科学出版社．

韩辉林，KONONENKO V S，李成德，2020．中国东北三省夜蛾总科名录Ⅰ：目夜蛾科（部分）、尾夜蛾科、瘤蛾科和夜蛾科[M]．哈尔滨：黑龙江科学技术出版社．

韩辉林，姚小华，2018．江西官山国家级自然保护区习见夜蛾科图鉴[M]．哈尔滨：黑龙江科学技术出版社．

湖南省林业厅，1992．湖南森林昆虫图鉴[M]．长沙：湖南科学技术出版社．

黄海涛，2019．澳门蝴蝶百选[M]．澳门：澳门特别行政区民政总署园林绿化部．

李后魂，2012．秦岭小蛾类[M]．北京：科学出版社．

李后魂，任应党，2009．河南昆虫志（鳞翅目：螟蛾总科）[M]．北京：科学出版社．

李秋剑，黄海涛，李志锐，等，2015．澳门蜻蜓目昆虫的多样性和区系研究[J]．广东农业科学，42（24）：157–161．

刘红霞，2014．中国斑螟亚科（拟斑螟族、隐斑族和斑螟亚族）分类学研究（鳞翅目：螟蛾科）[D]．天津：南开大学．

刘友樵，李广武，2002．中国动物志昆虫纲第47卷：鳞翅目枯叶蛾科[M]．北京：科学出版社．

刘友樵，武春生，2006．中国动物志第47卷：枯叶蛾科[M]．北京：科学出版社．

卢秀新，1992．泰山蝶蛾志[M]．济南：山东科学技术出版社．

潘永华，白家路，1997．澳门昆虫手册[M]．澳门：海岛市市政厅．

王明强，2016. 中国丛螟亚科系统分类学研究（鳞翅目：螟蛾科）[D]. 北京：中国科学院大学.

王平远，1980. 中国经济昆虫志第21册：螟蛾科 [M]. 北京：科学出版社.

武春生，方承莱，2003. 中国动物志昆虫纲第31卷：鳞翅目舟蛾科 [M]. 北京：科学出版社.

武春生，方承莱，2010. 河南昆虫志 [M]. 北京：科学出版社.

肖维良，等，2012. 澳门白蚁 [M]. 澳门：澳门特别行政区市政署园林绿化部.

薛大勇，朱弘复，1999. 中国动物志昆虫纲第15卷：鳞翅目尺蛾科花尺蛾亚科 [M]. 北京：科学出版社.

杨立军，张丹丹，2014. 井冈山自然保护区蛾类多样性及人为干扰的影响 [J]. 环境昆虫学报，36（5）：679–686.

杨平之，等，2016. 高黎贡山蛾类图鉴 [M]. 北京：科学出版社.

杨晓飞，朱琳，李后魂，2018. 夜行性传粉蛾类研究进展 [J]. 昆虫学报，61（9）：1087–1096.

虞国跃，2015. 北京蛾类图谱 [M]. 北京：科学出版社.

张超，2016. 中国西南地区秘夜榭属和粘夜蛾属（鳞翅目：夜蛾科）分类研究 [D]. 哈尔滨：东北林业大学.

张超，韩辉林，科诺申科（俄罗斯），2019. 东北林业大学馆藏鳞翅目昆虫图鉴Ⅱ：粘夜蛾族（西南地区）[M]. 哈尔滨：黑龙江科学技术出版社.

张丹丹，庞虹，刘桂林，等，2005. 广东鹤山、东莞莲花山小蛾类（Ⅱ）草螟科Crambidae [C] //中国昆虫学会，全国昆虫区系分类与多样性学术研讨会.

赵仲苓，2003. 中国动物志第30卷：毒蛾科 [M]. 北京：科学出版社.

郑乐怡，归鸿，1999. 昆虫分类（下）[M]. 南京：南京师范大学出版社.

中国科学院动物研究所，1981. 中国蛾类图鉴Ⅰ [M]. 北京：科学出版社.

中国科学院动物研究所，1982. 中国蛾类图鉴Ⅱ [M]. 北京：科学出版社.

中国科学院动物研究所，1982. 中国蛾类图鉴Ⅲ [M]. 北京：科学出版社.

中国科学院动物研究所，1983. 中国蛾类图鉴Ⅳ [M]. 北京：科学出版社.

朱弘复，陈一心，1964. 中国经济昆虫志第3册：夜蛾科（一）[M]. 北京：科学出版社.

朱弘复，方承莱，王林瑶，1965. 中国经济昆虫志第7册：夜蛾科（三）[M]. 北京：科学出版社.

朱弘复，王林瑶，1980. 中国经济昆虫志第22册：天蛾科 [M]. 北京：科学出版社.

朱弘复，王林瑶，1991. 中国动物志昆虫纲第3卷：鳞翅目圆钩蛾科钩蛾科 [M]. 北京：科学出版社.

朱弘复，王林瑶，1996. 中国动物志第5卷：蚕蛾科大蚕蛾科网蛾科 [M]. 北京：科学出版社.

朱弘复，王林瑶，1997．中国动物志第11卷：天蛾科［M］．北京：科学出版社．

朱弘复，杨集昆，陆近仁，等，1965．中国经济昆虫志第6册：夜蛾科（二）［M］．北京：科学出版社．

ANDERSEN J C，HAVILL N P，CACCONE A，et al，2017. Postglacial recolonization shaped the genetic diversity of the winter moth (*Operophtera brumata*) in Europe［J］. Ecology and Evolution，7（10）：3312–3323.

ASHTON L A，NAKAMURA A，BURWELL C J，et al，2016. Elevational sensitivity in an Asian "hotspot"：moth diversity across elevational gradients in tropical, sub-tropical and sub-alpine China［J］. Scientific Reports，6：26513.

ASHTON L A，ODELL E H，BURWELL C J，et al，2016. Altitudinal patterns of moth diversity in tropical and subtropical Australian rainforests［J］. Austral Ecology，41（2）：197–208.

BURFORD L S，LACKI M J，COVELL C V，1999. Occurrence of moths among habitats in a mixed mesophytic forest: implications for management of forest bats［J］. Forest Science，45（3）：323–332.

COMMON I F B，1975. Evolution and classification of Lepidoptera［J］. Annual Review Of Entomology，20：183–203.

CUI L，XUE D Y，JIANG N，2019. A review of *Timandra* Duponchel, 1829 from China, with description of seven new species (Lepidoptera, Geometridae)［J］. Zookeys，829：43–74.

EASTON E R，PUN W W，1996. New records of moths from Macau, Southeast China［J］. Tropical Lepidoptera，7（2）：113–118.

EASTON E R，PUN W W，1997. New Records of butterflies from Macau, Southeast China［J］. Tropical Lepidoptera，8（2）：60–66.

EASTON E R，PUN W W，1999. Observations on twelve families of Homoptera in Macau, Southeastern China, from 1989 to the present［J］. Entomological Society of Washington，101（1）：99–105.

ERIK J V N，LAURI K，IAN K，2011. "Order Lepidoptera Linnaeus, 1758" in Animal Biodiversity: An Outline of Higher-Level Classification and Survey of Taxonomic Richness, (Zhang, Z.Q., Ed., New Zealand: Magnolia Press.)［J］. Zootaxa，3148（1）：212–221.

FLYNN C，GRIFFIN C T，COLL J，et al，2016. The diversity and composition of moth assemblages of protected and degraded raised bogs in Ireland［J］. Insect Conservation and Diversity，9（4）：302–319.

GRIMALDI D M，ENGE S L，2005. Evolution of the Insects［M］. United Kingdom：Cambridge University Press.

HILT N，FIEDLER K，2005. Diversity and composition of Arctiidae moth ensembles along a successional gradient in the Ecuadorian Andes［J］. Diversity and Distributions，11：387–398.

HINTON H E，1946. On the homology and nomenclature of the setae of lepidopterous larvae, with some notes on the phylogeny of the Lepidoptera［J］. Transactions of the Royal Entomological Society of London，97：1–37.

KAWAHARA A Y，PLOTKIN D，ESPELAND M，et al，2019. Phylogenomics reveals the evolutionary timing and pattern of butterflies and moths［J］. Proceedings of the National Academy of Sciences of the United States of America，116（45）.

KISHIDA Y，2011. The standard of moths in Japan Ⅰ，Ⅱ［M］. Tokyo: Gakken Education Publishing.

KITCHING R L，ORR A G，THALIB L，et al，2000. Moth assemblages as indicators of environmental quality in remnants of upland Australian rain fores［J］. Journal of Applied Ecology，37：284–297.

KOZLOV M V，MUTANEN M，LEE K M，et al，2017. Cryptic diversity in the long-horn moth Nemophora degeerella (Lepidoptera: Adelidae) revealed by morphology, DNA barcodes and genome-wide ddRAD-seq data［J］. Systematic Entomology，42（2）：329–346.

KRISTENSEN N P，1984. Studies on the morphology and systematics of primitive Leidoptera (Insecta)［J］. Steenstrupia，10：141–191.

KRISTENSEN N P，SCOBLE M J，KARSHOLT O，2007. Lepidoptera phylogeny and systematics: the state of inventorying moth and butterfly diversity［J］. Zootaxa，1668：699–747.

KRISTENSEN N P，SKALSKI A W，1998. Phylogeny and palaeontology［M］//Kristensen N P. Lepidoptera: Moths and Butterflies, 1. Evolution, Systematics and Biogeography, Handbuch der Zoologie/Handbook of Zoology, Vol Ⅳ. Berlin & New York：Walter de Gruyter.

KUROKO H，LEWVANICH A，1993. Lepidopterous pests of tropical fruit trees in Thailand (with Thai text)［M］. Tokyo：Japan International Cooperation Agency.

LEONG C M，SHIAO S F，GUÉNARD B，2017. Ants in the city, a preliminary checklist of Formicidae (Hymenoptera) in Macau, one of the most heavily urbanized regions of the world［J］. Asian Myrmecology，9（e009014）：1–20.

LI Z Q，TANG H Q，2021. Two new species of *Paratanytarsus* Thienemann & Bause (Diptera: Chironomidae) from Oriental China［J］. Zootaxa，4903：430-438.

LIN M Y，PERISSINOTTO R，CLENNELL L，2021. Census of the longhorn beetles (Coleoptera, Cerambycidae and Vesperidae) of the Macau SAR, China［J］. ZooKeys，

1049：79–161.

MATOV A Y，KONONENKO V S，2012. Trophic Connections of the Larvae of Noctuoidea of Russia (Lepidoptera, Noctuoidea: Nolidae, Erebidae, Eutelidae, Noctuidae)［M］. Vladivostok：Dalnauka.

MITTER C，DAVIS D R，CUMMINGS M P，2017. Phylogeny and Evolution of Lepidoptera［J］. The Annual Review of Entomology，62：265–283.

NASU Y，HIROWATARI T，KISHIDA Y，2013. The standard of moths in Japan Ⅲ , Ⅳ［M］. Tokyo：Gakken Education Publishing.

PERISSINOTTO R，CLENNELL L，2021. Census of the fruit and flower chafers (Coleoptera, Scarabaeidae, Cetoniinae) of the Macau SAR, China［J］. ZooKeys，1026：17–43.

POTTS S G，BIESMEIJER J C，KREMEN C，et al，2010. Global pollinator declines: trends, impacts and driver［J］. Trends in Ecology and Evolutio，25：345–353.

ROOT H T，VERSCHUYL J，STOKELY T，et al，2017. Plant diversity enhances moth diversity in an intensive forest management experiment［J］. Ecological Applications，27(1)：134–142.

SINHA T，SHASHANK P R，CHAUDHURI P，2020. DNA barcoding and Taxonomic account on some selected species of subfamily Plusiinae (Lepidoptera: Noctuidae) from India［J］. Zootaxa, 4845（4）：451–486.

SUMMERVILLE K S，RITTER L M，CRIST T O，2004. Forest moth taxa as indicators of lepidopteran richness and habitat disturbance: a preliminary assessment［J］. Biological Conservation，116：9–18.

TANG H Q，CRANSTON P S，ZHAO J G，et al，2014. The immature stages of *Polypedilum* (*Pentapedilum*) *nodosum* (Johannsen) and *Polypedilum* (*Tripodura*) *masudai* (Tokunaga) (Diptera, Chironomidae, Chironominae)［J］. Zootaxa，3893：416-428.

WANG H Y，SPEIDEL W，2000. Pyraloidea (Pyraloidea, Crambidae)［M］//Guide book to insects in Taiwan (19). Taipei：Shu Shan Books.

ZOU Y，SANG W，HAUSMANN A，et al，2016. High phylogenetic diversity is preserved in species-poor high-elevation temperate moth assemblages［J］. Scientific Reports，6：23045.

附录1　澳门蛾类名录

科：亚科	拉丁名	中文名	备注
Psychidae: Oiketicinae	*Acanthopsyche subteralbata* Hampson, 1897	桉蓑蛾	#
Psychidae: Oiketicinae	*Chalioides kondonis* Kondo, 1922	白囊蓑蛾	#
Psychidae: Oiketicinae	*Clania minuscula* Butler, 1881	茶蓑蛾	#
Psychidae: Oiketicinae	*Eumeta variegata* (Snellen, 1879)	大蓑蛾	#
Gracillariidae: Phyllocnistinae	*Phyllocnistis citrella* Stainton, 1856	柑橘潜叶蛾	#
Attevidae	*Atteva fabriciella* Swederus, 1787	乔椿巢蛾	#
Plutellidae: Plutellinae	*Plutella xylostella* (Linnaeus, 1758)	菜蛾	#
Tortricidae: Olethreutinae	*Cryptophlebia ombrodelta* (Lower, 1898)	荔枝异形小卷蛾	#
Tortricidae: Olethreutinae	*Loboschiza koenigiana* (Fabricius, 1775)	苦楝小卷蛾	#
Limacodidae	*Oxyplax pallivitta* (Moore, 1877)	灰斜纹刺蛾	☆
Limacodidae	*Quasinarosa corusca* (Wileman, 1911)	波眉刺蛾	☆
Limacodidae	*Thosea sinensis* (Walker, 1855)	扁刺蛾	*
Limacodidae	*Thosea unifascia* Walker, 1855	暗扁刺蛾	#
Zygaenidae	*Cyclosia papilionaris* (Drury, 1773)	蝶形锦斑蛾	*
Zygaenidae	*Gynautocera papilionaria* Guérin-Méneville, 1831	闺锦斑蛾	#
Zygaenidae	*Pidorus gemina* (Walker, 1854)	萱草斑蛾	#
Zygaenidae	*Pidorus glaucopis* (Drury, 1773)	野茶带锦斑蛾	*
Zygaenidae	*Thyrassia penangae* (Moore, 1859)	条纹小斑蛾	☆
Zygaenidae	*Trypanophora semihyalina* Kollar, 1844	鹿斑蛾	☆
Cossidae	*Polyphagozerra coffeae* (Nietner, 1861)	咖啡豹蠹蛾	☆
Metarbelidae	*Indarbela dea* (Swinhoe, 1890)	荔枝拟木蠹蛾	#
Elachistidae	*Ethmia lineatonotella* (Moore, 1867)	点带草蛾	☆
Pterophoridae	*Adaina microdactyla* (Hübner, [1813])	小指脉羽蛾	☆
Pterophoridae	*Nippoptilia cinctipedalis* (Walker, 1864)	乌蔹莓日羽蛾	☆
Pyralidae: Epipaschiinae	*Locastra muscosalis* (Walker, 1866)	缀叶丛螟	☆
Pyralidae: Epipaschiinae	*Orthaga achatina* (Butler, 1878)	樟巢螟	#
Pyralidae: Epipaschiinae	*Orthaga olivacea* (Warren, 1891)	橄绿瘤丛螟	☆
Pyralidae: Phycitinae	*Etiella zinckenella* (Treitschke, 1832)	豆荚斑螟	☆
Pyralidae: Phycitinae	*Piesmopoda semilutea* (Walker, 1863)	异色瓜斑螟	☆
Pyralidae: Pyralinae	*Arctioblepsis rubida* Felder *et* Felder, 1862	黑脉厚须螟	☆
Pyralidae: Pyralinae	*Arippara indicator* Walker, 1864	盐肤木黑条螟	☆
Pyralidae: Pyralinae	*Herculia pelasgalis* (Walker, 1859)	赤双纹螟	☆
Pyralidae: Pyralinae	*Hypsopygia nonusalis* (Walker, 1859)	黄白直纹螟	☆
Pyralidae: Pyralinae	*Hypsopygia repetita* (Butler, 1887)	双直纹螟	☆
Pyralidae: Pyralinae	*Pyralis pictalis* (Curtis, 1834)	斑粉螟	#
Pyralidae: Pyralinae	*Endotricha olivacealis* (Bremer, 1864)	榄绿歧角螟	☆

（续表）

科：亚科	拉丁名	中文名	备注
Pyralidae: Pyralinae	*Endotricha ruminalis* (Walker, 1859)	赤褐歧角螟	☆
Crambidae: Nymphulinae	*Parapoynx diminutalis* Snellen, 1880	小筒水螟	☆
Crambidae: Nymphulinae	*Parapoynx fluctuosalis* (Zeller, 1852)	稻筒水螟	#
Crambidae: Crambinae	*Ancylolomia japonica* Zeller, 1877	稻巢草螟	*
Crambidae: Crambinae	*Chilo suppressalis* (Walker, 1863)	二化螟	☆
Crambidae: Crambinae	*Pseudocatharylla duplicella* (Hampson, 1896)	双纹白草螟	☆
Crambidae: Schoenobiinae	*Scirpophaga excerptalis* (Walker, 1863)	红尾白螟	☆
Crambidae: Schoenobiinae	*Scirpophaga incertulas* (Walker, 1863)	三化螟	☆
Crambidae: Glaphyriinae	*Trichophysetis cretacea* (Butler, 1879)	双纹须毛螟	☆
Crambidae: Odontiinae	*Hemiscopis sanguinea* Bänziger, 1987	深红齿螟	☆
Crambidae: Odontiinae	*Heortia vitessoides* (Moore, 1885)	黑纹黄齿螟	☆
Crambidae: Spilomelinae	*Agathodes ostentalis* (Geyer, 1837)	华丽野螟	#
Crambidae: Spilomelinae	*Aethaloessa calidalis* (Guenée, 1854)	火红环角野螟	☆
Crambidae: Spilomelinae	*Ategumia adipalis* (Lederer, 1863)	脂斑翅野螟	☆
Crambidae: Spilomelinae	*Bocchoris inspersalis* (Zeller, 1852)	白斑翅野螟	*
Crambidae: Spilomelinae	*Botyodes diniasalis* (Walker, 1859)	黄翅缀叶野螟	*
Crambidae: Spilomelinae	*Botyodes principalis* Leech, 1889	大黄缀叶野螟	☆
Crambidae: Spilomelinae	*Bradina atopalis* (Walker, 1858)	白点暗野螟	☆
Crambidae: Spilomelinae	*Camptomastix hisbonalis* (Walker, 1859)	长须曲角野螟	☆
Crambidae: Spilomelinae	*Cirrhochrista brizoalis* (Walker, 1859)	圆斑黄缘野螟	*
Crambidae: Spilomelinae	*Cirrhochrista kosemponialis* Strand, 1918	歧斑黄缘禾螟	#
Crambidae: Spilomelinae	*Cnaphalocrocis limbalis* (Wileman, 1911)	边纵卷叶野螟	☆
Crambidae: Spilomelinae	*Cnaphalocrocis medinalis* (Guenée, 1854)	稻纵卷叶野螟	*
Crambidae: Spilomelinae	*Conogethes punctiferalis* (Guenée, 1854)	桃蛀野螟	☆
Crambidae: Spilomelinae	*Cotachena histricalis* (Walker, 1859)	伊锥歧角螟	#
Crambidae: Spilomelinae	*Diaphania indica* (Saunders, 1851)	瓜绢野螟	*
Crambidae: Spilomelinae	*Diasemia accalis* (Walker, 1859)	褐纹翅野螟	☆
Crambidae: Spilomelinae	*Eurrhyparodes bracteolalis* (Zeller, 1852)	叶展须野螟	☆
Crambidae: Spilomelinae	*Glyphodes bicolor* (Swainson, 1821)	二斑绢丝野螟	#
Crambidae: Spilomelinae	*Glyphodes bivitralis* Guenée, 1854	双点绢丝野螟	*
Crambidae: Spilomelinae	*Glyphodes caesalis* Walker, 1859	黄翅绢丝野螟	☆
Crambidae: Spilomelinae	*Glyphodes canthusalis* Walker, 1859	亮斑绢丝野螟	#
Crambidae: Spilomelinae	*Glyphodes onychinalis* (Guenée, 1854)	齿斑翅野螟	☆
Crambidae: Spilomelinae	*Glyphodes strialis* (Wang, 1963)	条纹绢野螟	☆
Crambidae: Spilomelinae	*Herpetogramma basalis* (Walker, 1866)	黑点切叶野螟	☆
Crambidae: Spilomelinae	*Herpetogramma cynaralis* (Walker, 1859)	黑顶切叶野螟	☆
Crambidae: Spilomelinae	*Herpetogramma licarsisalis* (Walker, 1859)	水稻切叶野螟	☆
Crambidae: Spilomelinae	*Herpetogramma luctuosalis* (Guenée, 1854)	葡萄切叶野螟	☆

（续表）

科：亚科	拉丁名	中文名	备注
Crambidae: Spilomelinae	*Herpetogramma submarginalis* (Swinhoe, 1901)	黑缘切叶野螟	☆
Crambidae: Spilomelinae	*Hydriris ornatalis* (Duponchel, 1832)	甘薯银野螟	☆
Crambidae: Spilomelinae	*Hymenia perspectalis* (Hübner, 1796)	双白带野螟	*
Crambidae: Spilomelinae	*Ischnurges gratiosalis* (Walker, 1859)	艳瘦翅野螟	☆
Crambidae: Spilomelinae	*Nacoleia charesalis* (Walker, 1859)	肾斑蚀叶野螟	☆
Crambidae: Spilomelinae	*Nacoleia commixta* (Butler, 1879)	黑点蚀叶野螟	☆
Crambidae: Spilomelinae	*Nacoleia tampiusalis* (Walker, 1859)	黄环蚀叶野螟	☆
Crambidae: Spilomelinae	*Nausinoe geometralis* (Guenée, 1854)	茉莉叶野螟	#
Crambidae: Spilomelinae	*Nausinoe perspectata* (Fabricius, 1775)	云纹叶野螟	☆
Crambidae: Spilomelinae	*Nomophila nocteulla* (Denis *et* Schiffermüller, 1775)	麦牧野螟	☆
Crambidae: Spilomelinae	*Nosophora semitritalis* (Lederer, 1863)	茶须野螟	☆
Crambidae: Spilomelinae	*Notarcha quaternalis* (Zeller, 1852)	扶桑四点野螟	☆
Crambidae: Spilomelinae	*Maruca vitrata* (Fabricius, 1787)	豆荚野螟	*
Crambidae: Spilomelinae	*Palpita celsalis* (Walker, 1859)	黄环绢须野螟	#
Crambidae: Spilomelinae	*Palpita munroei* Inoue, 1996	尤金绢须野螟	☆
Crambidae: Spilomelinae	*Palpita nigropunctalis* (Bremer, 1864)	白蜡绢须野螟	☆
Crambidae: Spilomelinae	*Parotis angustalis* (Snellen, 1875)	绿翅绢野螟	☆
Crambidae: Spilomelinae	*Parotis suralis* (Lederer, 1863)	凸缘绿绢野螟	☆
Crambidae: Spilomelinae	*Patania chlorophanta* (Butler, 1878)	三条扇野螟	☆
Crambidae: Spilomelinae	*Pleuroptya balteata* (Fabricius, 1798)	枇杷扇野螟	☆
Crambidae: Spilomelinae	*Poliobotys ablactalis* (Walker, 1859)	蓝灰野螟	☆
Crambidae: Spilomelinae	*Prophantis adusta* Inoue, 1986	黄缘狭翅野螟	☆
Crambidae: Spilomelinae	*Pycnarmon cribrata* (Fabricius, 1794)	泡桐卷叶野螟	☆
Crambidae: Spilomelinae	*Rehimena phrynealis* (Walker, 1859)	黄斑紫翅野螟	☆
Crambidae: Spilomelinae	*Rehimena surusalis* (Walker, 1859)	紫翅野螟	☆
Crambidae: Spilomelinae	*Sameodes cancellalis* (Zeller, 1852)	网拱翅野螟	*
Crambidae: Spilomelinae	*Spoladea recurvalis* (Fabricius, 1775)	甜菜白带野螟	*
Crambidae: Spilomelinae	*Talanga sexpunctalis* (Moore, 1877)	六斑蓝野螟	☆
Crambidae: Spilomelinae	*Tatobotys biannulalis* (Walker, 1866)	狭斑野螟	☆
Crambidae: Spilomelinae	*Tryporyza nivella* (Fabricius, 1794)	黄尾蛀禾螟	#
Crambidae: Spilomelinae	*Tyspanodes linealis* (Moorė, 1867)	黑纹野螟	☆
Crambidae: Pyraustinae	*Crypsiptya coclesalis* (Walker, 1859)	竹织叶野螟	*
Crambidae: Pyraustinae	*Euclasta defamatalis* Walker, 1859	横带窄翅野螟	#
Crambidae: Pyraustinae	*Euclasta vitralis* Maes, 1997	透室窄翅野螟	☆
Crambidae: Pyraustinae	*Hyalobathra coenostolalis* (Snellen, 1890)	赭翅长距野螟	☆
Crambidae: Pyraustinae	*Hyalobathra opheltesalis* (Walker, 1859)	小叉长距野螟	☆
Crambidae: Pyraustinae	*Isocentris aequalis* (Lederer, 1863)	等翅红缘野螟	☆

（续表）

科：亚科	拉丁名	中文名	备注
Crambidae: Pyraustinae	*Nephelobotys habisalis* (Walker, 1859)	小竹云纹野螟	☆
Crambidae: Pyraustinae	*Mabra charonialis* (Walker, 1859)	三环须野螟	☆
Crambidae: Pyraustinae	*Mabra eryxalis* (Walker, 1859)	烟须野螟	☆
Crambidae: Pyraustinae	*Sclerocona acutellus* (Eversmann, 1842)	白缘苇野螟	☆
Crambidae: Pyraustinae	*Sylepta derogata* (Fabricius, 1775)	棉卷叶野螟	#
Crambidae: Pyraustinae	*Thliptoceras formosanum* Munroe *et* Mutuura, 1968	台湾果蛀野螟	☆
Notodontidae: Stauropinae	*Cerura priapus* Schintlmeister, 1997	神二尾舟蛾	☆
Notodontidae: Stauropinae	*Neocerura wisei* (Swinhoe, 1891)	大新二尾舟蛾	#
Notodontidae: Stauropinae	*Stauropus alternus* Walker, 1855	龙眼蚁舟蛾	#
Notodontidae: Stauropinae	*Syntypistis melana* Wu *et* Fang, 2003	黑胯舟蛾	☆
Arctiidae: Lithosiinae	*Brunia vicaria* (Walker, 1854)	代土苔蛾	#
Arctiidae: Lithosiinae	*Cyana gelida* (Walker, 1854)	白玫雪苔蛾	#
Arctiidae: Lithosiinae	*Eilema hunanica* (Daniel, 1954)	湘土苔蛾	☆
Arctiidae: Lithosiinae	*Macrobrochis gigas* (Walker, 1854)	巨网灯蛾	#
Arctiidae: Lithosiinae	*Miltochrista striata* (Bremer *et* Grey, 1851)	优美苔蛾	*
Arctiidae: Arctiinae	*Argina astrea* (Drury, 1773)	星散丽灯蛾	#
Arctiidae: Arctiinae	*Utetheisa lotrix* (Cramer, 1779)	拟三色星灯蛾	☆
Arctiidae: Arctiinae	*Nyctemera adversata* (Schaller, 1788)	粉蝶灯蛾	*
Arctiidae: Arctiinae	*Nyctemera lacticinia* (Cramer, 1777)	蝶灯蛾	☆
Arctiidae: Arctiinae	*Nyctemera tripunctaria* (Linnaeus, 1758)	白巾蝶灯蛾	*
Arctiidae: Arctiinae	*Creatonotus gangis* (Linnaeus, 1763)	黑条灰灯蛾	#
Arctiidae: Arctiinae	*Creatonotos transiens* (Walker, 1855)	八点灰灯蛾	*
Arctiidae: Arctiinae	*Spilarctia bisecta* (Leech, [1889])	显脉污灯蛾	#
Arctiidae: Arctiinae	*Spilarctia robusta* (Leech, 1899)	强污灯蛾	*
Arctiidae: Arctiinae	*Amerila astreus* (Drury, 1773)	闪光玫灯蛾	*
Arctiidae: Ctenuchinae	*Amata (Syntomis) grotei* (Moore, 1871)	黄体鹿蛾	*
Arctiidae: Ctenuchinae	*Amata atkinsoni* (Moore, 1878)	滇鹿蛾	☆
Arctiidae: Ctenuchinae	*Amata germana germana* (Felder, 1862)	蕾鹿蛾	#
Arctiidae: Ctenuchinae	*Syntomoides imaon* (Cramer, [1779])	伊贝鹿蛾	#
Erebidae: Lymantriinae	*Perina nuda* (Fabricius, 1787)	榕透翅毒蛾	*
Erebidae: Lymantriinae	*Lymantria dissoluta* Swinhoe, 1903	条毒蛾	☆
Erebidae: Lymantriinae	*Lymantria serva* Fabricius, 1793	虹毒蛾	*
Erebidae: Lymantriinae	*Pantana substrigosa* (Walker, 1855)	珀色毒蛾	*
Erebidae: Lymantriinae	*Dasychira chekiangensis* Collentte, 1938	铅茸毒蛾	☆
Erebidae: Lymantriinae	*Orgyia postica* (Walker, 1855)	棉古毒蛾	*
Erebidae: Lymantriinae	*Euproctis decussata* (Moore, 1877)	弧星黄毒蛾	#
Erebidae: Lymantriinae	*Euproctis diploxutha* Collenette, 1939	双弓黄毒蛾	#
Erebidae: Lymantriinae	*Euproctis fraterna* (Moore, [1883])	缘点黄毒蛾	#

（续表）

科：亚科	拉丁名	中文名	备注
Erebidae: Lymantriinae	*Somena scintillans* Walker, 1856	双线盗毒蛾	#
Erebidae: Lymantriinae	*Nygmia plana* (Walker, 1856)	漫星黄毒蛾	#
Erebidae: Lymantriinae	*Arna bipunctapex* (Hampson, 1891)	乌桕黄毒蛾	#
Erebidae: Aganainae	*Asota caricae* (Fabricius, 1775)	一点拟灯夜蛾	*
Erebidae: Aganainae	*Asota plaginota* (Butler, 1875)	方斑拟灯夜蛾	☆
Erebidae: Aganainae	*Asota heliconia* (Linnaeus, 1758)	圆端拟灯夜蛾	*
Erebidae: Aganainae	*Euplocia membliaria* (Cramer, [1780])	铅拟灯蛾	#
Erebidae: Aganainae	*Psimada quadripennis* Walker, 1858	洒夜蛾	☆
Erebidae: Herminiinae	*Adrapsa quadrilinealis* Wileman, 1914	锯带疖夜蛾	☆
Erebidae: Herminiinae	*Hydrillodes abavalis* (Walker, 1859)	荚翅亥夜蛾	☆
Erebidae: Herminiinae	*Hydrillodes repugnalis* (Walker, 1863)	弓须亥夜蛾	☆
Erebidae: Herminiinae	*Nodaria externalis* Guenée, 1854	异肾疽夜蛾	☆
Erebidae: Herminiinae	*Nodaria niphona* Butler, 1878	雪疽夜蛾	#
Erebidae: Herminiinae	*Simplicia cornicalis* (Fabricius, 1794)	印贫夜蛾	☆
Erebidae: Pangraptinae	*Pangrapta shivula* (Guenée, 1852)	乱纹眉夜蛾	☆
Erebidae: Hypeninae	*Hypena albopunctalis* Leech, 1889	白斑卜髯须夜蛾	☆
Erebidae: Hypeninae	*Hypena sagitta* (Fabricius, 1775)	马蹄髯须夜蛾	*
Erebidae: Rivulinae	*Bocula marginata* (Moore, 1882)	黑缘畸夜蛾	☆
Erebidae: Scoliopteryginae	*Anomis flava* (Fabricius, 1775)	小桥夜蛾	☆
Erebidae: Scoliopteryginae	*Gonitis mesogona* Walker, 1858	中桥夜蛾	*
Erebidae: Scoliopteryginae	*Rusicada leucolopha* (Prout, 1928)	巨仿桥夜蛾	☆
Erebidae: Calpinae	*Calyptra minuticornis* (Guenée, 1852)	疖角壶夜蛾	#
Erebidae: Calpinae	*Oraesia emarginata* (Fabricius, 1794)	嘴壶夜蛾	*
Erebidae: Calpinae	*Oraesia excavata* Butler, 1878	鸟嘴壶夜蛾	*
Erebidae: Calpinae	*Plusiodonta coelonota* (Kollar, 1844)	肖金夜蛾	☆
Erebidae: Calpinae	*Eudocima phalonia* (Linnaeus, 1763)	凡艳叶夜蛾	*
Erebidae: Calpinae	*Eudocima salaminia* (Cramer, [1777])	艳叶夜蛾	*
Erebidae: Calpinae	*Eudocima homaena* (Hübner, [1823])	镶艳叶夜蛾	☆
Erebidae: Hypocalinae	*Hypocala deflorata* (Fabricius, 1794)	鹰夜蛾	☆
Erebidae: Hypocalinae	*Hypocala subsatura* Guenée, 1852	苹梢鹰夜蛾	*
Erebidae: Hypocalinae	*Hypocala violacea* Butler, 1879	红褐鹰夜蛾	☆
Erebidae: Boletobiinae	*Singara diversalis* Walker, 1865	棕红辛夜蛾	☆
Erebidae: Boletobiinae	*Saroba pustulifera* Walker, 1865	瘤斑飒夜蛾	☆
Erebidae: Boletobiinae	*Lopharthrum comprimens* (Walker, 1858)	戴夜蛾	☆
Erebidae: Boletobiinae	*Laspeyria ruficeps* (Walker, 1864)	赭灰勒夜蛾	☆
Erebidae: Boletobiinae	*Metaemene atrigutta* (Walker, 1862)	麻斑点夜蛾	☆
Erebidae: Boletobiinae	*Lophoruza lunifera* (Moore, 1885)	月蝠夜蛾	☆
Erebidae: Boletobiinae	*Lophoruza kuehni* (Holloway, 2009)	库氏蝠夜蛾	☆
Erebidae: Anobinae	*Crithote pallivaga* Holloway, 2005	婆罗尖裙夜蛾	☆

（续表）

科：亚科	拉丁名	中文名	备注
Erebidae: Erebinae	*Ugia disjungens* Walker, 1858	离优夜蛾	☆
Erebidae: Erebinae	*Avitta fasciosa* (Moore, 1882)	线元夜蛾	☆
Erebidae: Erebinae	*Hypospila bolinoides* Guenée, 1852	沟翅夜蛾	☆
Erebidae: Erebinae	*Anisoneura aluco* (Fabricius, 1775)	树皮乱纹夜蛾	*
Erebidae: Erebinae	*Erebus crepuscularis* (Linnaeus, 1758)	魔目夜蛾	#
Erebidae: Erebinae	*Erebus ephesperis* (Hübner, [1823])	诶目夜蛾	☆
Erebidae: Erebinae	*Erygia apicalis* Guenée, 1852	厚夜蛾	☆
Erebidae: Erebinae	*Sympis rufibasis* Guenée, 1852	合夜蛾	☆
Erebidae: Erebinae	*Serrodes campana* Guenée, 1852	铃斑翅夜蛾	*
Erebidae: Erebinae	*Trigonodes hyppasia* (Cramer, 1779)	短带三角夜蛾	*
Erebidae: Erebinae	*Entomogramma fautrix* Guenée, 1852	眯目夜蛾	#
Erebidae: Erebinae	*Mocis undata* (Fabricius, 1775)	鱼藤毛胫夜蛾	#
Erebidae: Erebinae	*Mocis frugalis* (Fabricius, 1775)	实毛胫夜蛾	#
Erebidae: Erebinae	*Artena dotata* (Fabricius, 1794)	斜线关夜蛾	*
Erebidae: Erebinae	*Thyas coronata* (Fabricius, 1775)	枯肖毛翅夜蛾	☆
Erebidae: Erebinae	*Thyas juno* (Dalman, 1823)	肖毛翅夜蛾	#
Erebidae: Erebinae	*Ophiusa disjungens* (Walker, 1858)	同安钮夜蛾	☆
Erebidae: Erebinae	*Ophiusa tirhaca* (Cramer, 1777)	安钮夜蛾	*
Erebidae: Erebinae	*Ophiusa trapezium* (Guenée, 1852)	直安钮夜蛾	*
Erebidae: Erebinae	*Ophiusa triphaenoides* (Walker, 1858)	桔安钮夜蛾	#
Erebidae: Erebinae	*Achaea serva* (Fabricius, 1775)	人心果阿夜蛾	*
Erebidae: Erebinae	*Achaea janata* (Linnaeus, 1758)	飞扬阿夜蛾	*
Erebidae: Erebinae	*Ophisma gravata* Guenée, 1852	赘夜蛾	☆
Erebidae: Erebinae	*Dysgonia illibata* (Fabricius, 1775)	失巾夜蛾	☆
Erebidae: Erebinae	*Dysgonia palumba* (Guenée, 1852)	柚巾夜蛾	☆
Erebidae: Erebinae	*Bastilla maturata* (Walker, 1858)	霉暗巾夜蛾	*
Erebidae: Erebinae	*Bastilla fulvotaenia* (Guenée, 1852)	宽暗巾夜蛾	*
Erebidae: Erebinae	*Bastilla joviana* (Stoll, [1782])	隐暗巾夜蛾	☆
Erebidae: Erebinae	*Buzara umbrosa* (Walker, 1865)	灰巾夜蛾	☆
Erebidae: Erebinae	*Chalciope geometrica* (Fabricius)	中带三角夜蛾	#
Erebidae: Erebinae	*Chalciope mygdon* (Cramer, [1777])	三角夜蛾	*
Erebidae: Erebinae	*Oxyodes scrobiculata* (Fabricius, 1775)	佩夜蛾	*
Erebidae: Erebinae	*Ercheia cyllaria* (Cramer, [1779])	曲耳夜蛾	☆
Erebidae: Erebinae	*Hulodes caranea* (Cramer, [1780])	木夜蛾	*
Erebidae: Erebinae	*Parallelia stuposa* (Fabricius, 1794)	石榴巾夜蛾	#
Erebidae: Erebinae	*Bastilla crameri* (Moore, [1885])	无肾巾夜蛾	#
Erebidae: Erebinae	*Bastilla arcuata* (Moore, 1877)	弓巾夜蛾	#
Erebidae: Erebinae	*Ericeia fraterna* (Moore, [1885])	伯南夜蛾	#
Erebidae: Erebinae	*Ericeia inangulata* (Guenée, 1852)	中南夜蛾	☆

（续表）

科：亚科	拉丁名	中文名	备注
Erebidae: Erebinae	*Ericeia pertendens* (Walker, 1858)	断线南夜蛾	☆
Erebidae: Erebinae	*Ericeia subcinerea* (Snellen, 1880)	亚灰南夜蛾	☆
Erebidae: Erebinae	*Hypopyra ossigera* Guenée, 1852	印变色夜蛾	☆
Erebidae: Erebinae	*Hypopyra vespertilio* (Fabricius, 1787)	变色夜蛾	*
Erebidae: Erebinae	*Spirama retorta* (Clerck, 1759)	环夜蛾	*
Erebidae: Erebinae	*Spirama helicina* (Hübner, [1831])	绕环夜蛾	☆
Erebidae: Erebinae	*Ischyja manlia* (Cramer, 1766)	蓝条夜蛾	*
Erebidae: Erebinae	*Platyja umminia* (Cramer, 1780)	宽夜蛾	☆
Erebidae: Erebinae	*Platyja torsilinea* (Guenée, 1852)	灰线宽夜蛾	☆
Erebidae: Erebinae	*Polydesma scriptilis* Guenée, 1852	暗纹纷夜蛾	#
Erebidae: Erebinae	*Pericyma cruegeri* Butler, 1886	凤凰木夜蛾	#
Erebidae: Erebinae	*Lacera alope* (Cramer, [1780])	戟夜蛾	#
Euteliidae: Euteliinae	*Penicillaria maculata* Butler, 1889	斑重尾夜蛾	☆
Euteliidae: Euteliinae	*Eutelia adulatricoides* (Mell, 1943)	鹿尾夜蛾	☆
Euteliidae: Euteliinae	*Pataeta carbo* (Guenée, 1852)	拍尾夜蛾	☆
Euteliidae: Euteliinae	*Anuga multiplicans* (Walker, 1858)	折纹殿尾夜蛾	*
Euteliidae: Stictopterinae	*Lophoptera squammigera* (Guenée, 1852)	暗裙脊蕊夜蛾	☆
Nolidae: Collomeninae	*Gadirtha fusca* Pogue, 2014	灰褐癞皮夜蛾	☆
Nolidae: Collomeninae	*Gadirtha inexacta* Walker, [1858]	乌桕癞皮夜蛾	#
Nolidae: Eligminae	*Eligma narcissus* (Cramer, [1775])	旋夜蛾	*
Nolidae: Eligminae	*Baroa vatala* Swinhoe, 1894	淡色旋孔夜蛾	☆
Nolidae: Eligminae	*Selepa celtis* Moore, [1860]	细皮夜蛾	#
Nolidae: Chloephorinae	*Earias flavida* Felder, 1861	黄钻夜蛾	☆
Nolidae: Chloephorinae	*Carea subtilis* Walker, 1856	白裙赭夜蛾	*
Nolidae: Chloephorinae	*Narangodes confluens* Sugi, 1990	康纳夜蛾	☆
Nolidae: Nolinae	*Melanographia flexilineata* (Hampson, 1898)	枇杷瘤蛾	#
Euteliidae: Euteliinae	*Chlumetia guttiventris* Walker, 1866	芒果横线尾夜蛾	#
Noctuidae: Plusiinae	*Ctenoplusia agnata* (Staudinger, 1892)	银纹夜蛾	*
Noctuidae: Plusiinae	*Chrysodeixis eriosoma* (Doubleday, 1843)	新富丽夜蛾	☆
Noctuidae: Bagisarinae	*Chasmina candida* (Walker, 1865)	曲缘皙夜蛾	☆
Noctuidae: Bagisarinae	*Dyrzela plagiata* Walker, 1858	迪夜蛾	☆
Noctuidae: Bagisarinae	*Amyna axis* (Guenée, 1852)	坑卫翅夜蛾	☆
Noctuidae: Bagisarinae	*Xanthodes transversa* Guenée, 1852	犁纹丽夜蛾	#
Noctuidae: Acontiinae	*Ecpatia longinquua* (Swinhoe, 1890)	白斑宫夜蛾	☆
Noctuidae: Acrotiinae	*Aedia leucomelas* (Linnaeus, 1758)	白斑烦夜蛾	*
Noctuidae: Dyopsinae	*Arcte coerula* (Guenée, 1852)	苎麻夜蛾	☆
Noctuidae: Acronictinae	*Acronicta pruinosa* (Guenée, 1852)	霜剑纹夜蛾	☆
Noctuidae: Acronictinae	*Craniophora fasciata* (Moore, 1884)	条首夜蛾	☆
Noctuidae: Acronictinae	*Tycracona obliqua* Moore, 1882	泰夜蛾	☆

（续表）

科：亚科	拉丁名	中文名	备注
Noctuidae: Agaristinae	*Episteme lectrix* (Linnaeus, 1764)	选彩虎蛾	#
Noctuidae: Agaristinae	*Sarbanissa albifascia* (Walker, 1865)	白斑修虎蛾	*
Noctuidae: Condicinae	*Prospalta leucospila* Walker, [1858]	肾星普夜蛾	☆
Noctuidae: Eriopinae	*Callopistria albomacula* Leech, 1900	白斑散纹夜蛾	#
Noctuidae: Metoponiinae	*Flammona trilineata* Leech, 1900	三条火夜蛾	*
Noctuidae: Xyleninae	*Spodoptera cilium* Guenée, 1852	圆灰翅夜蛾	☆
Noctuidae: Xyleninae	*Spodoptera mauritia* (Boisduval, 1833)	灰翅夜蛾	#
Noctuidae: Xyleninae	*Spodoptera picta* (Guérin-Méneville, [1838])	彩灰翅夜蛾	#
Noctuidae: Xyleninae	*Spodoptera pecten* Guenée, 1852	梳灰翅夜蛾	☆
Noctuidae: Xyleninae	*Spodoptera litura* (Fabricius, 1775)	斜纹夜蛾	*
Noctuidae: Xyleninae	*Athetis nonagrica* (Walker, [1863])	农委夜蛾	☆
Noctuidae: Xyleninae	*Athetis bipuncta* (Snellen, [1886])	双斑委夜蛾	☆
Noctuidae: Xyleninae	*Athetis stellata* (Moore, 1882)	倭委夜蛾	☆
Noctuidae: Xyleninae	*Athetis reclusa* (Walker, 1862)	沙委夜蛾	☆
Noctuidae: Xyleninae	*Sasunaga longiplaga* Warren, 1912	长斑幻夜蛾	☆
Noctuidae: Hadeninae	*Mythimna formosana* (Butler, 1880)	美秘夜蛾	☆
Noctuidae: Hadeninae	*Mythimna snelleni* Hreblay, 1996	斯秘夜蛾	☆
Noctuidae: Hadeninae	*Leucania loreyi* (Duponchel, 1827)	白点粘夜蛾	#
Noctuidae: Hadeninae	*Leucania venalba* Moore, 1867	白脉粘夜蛾	☆
Noctuidae: Hadeninae	*Leucania yu* Guenée, 1852	玉粘夜蛾	☆
Noctuidae: Hadeninae	*Analetia micacea* (Hampson, 1891)	弥案夜蛾	☆
Noctuidae: Hadeninae	*Brithys crini* (Fabricius, 1775)	毛健夜蛾	☆
Noctuidae: Noctuinae	*Agrotis ypsilon* (Hüfnagel, 1766)	小地老虎	*
Geometridae: Ennominae	*Abraxas nanlingensis* Inoue, 2005	南岭金星尺蛾	☆
Geometridae: Ennominae	*Abraxas neomartania* Inoue, 1970	新金星尺蛾	☆
Geometridae: Ennominae	*Abraxas plumbeata* Cockerell, 1906	铅灰金星尺蛾	#
Geometridae: Ennominae	*Ascotis selenaria dianaria* (Hübner, 1817)	大造桥虫	#
Geometridae: Ennominae	*Buzura suppressaria* (Guenée, 1858)	油桐尺蠖	*
Geometridae: Ennominae	*Chiasmia* emersaria (Walker, 1861)	晰奇尺蛾	☆
Geometridae: Ennominae	*Chiasmia* pluviata (Fabricius, 1798)	雨尺蛾	☆
Geometridae: Ennominae	*Cleora fraterna* (Moore, 1888)	襟霜尺蛾	☆
Geometridae: Ennominae	*Ectropis crepuscularia* (Denis *et* Schiffer-müller, 1775)	埃尺蛾	☆
Geometridae: Ennominae	*Epobeidia tigrata* (Guenée, 1858)	虎纹拟长翅尺蛾	*
Geometridae: Ennominae	*Fascellina plagiata* (Walker, 1866)	灰绿片尺蛾	☆
Geometridae: Ennominae	*Hyposidra infixaria* (Walker, 1860)	剑钩翅尺蛾	☆
Geometridae: Ennominae	*Hyposidra talaca* (Walker, 1860)	大钩翅尺蛾	☆
Geometridae: Ennominae	*Krananda latimarginaria* Leech, 1891	三角璃尺蛾	*
Geometridae: Ennominae	*Krananda straminearia* (Leech, 1897)	蒿杆三角尺蛾	☆

（续表）

科：亚科	拉丁名	中文名	备注
Geometridae: Ennominae	*Menophra tienmuensis* (Wehrli, 1941)	天目耳尺蛾	☆
Geometridae: Ennominae	*Nothomiza flavicosta* Prout, 1914	黄缘霞尺蛾	*
Geometridae: Ennominae	*Ourapteryx clara* Butler, 1880	长尾尺蛾	*
Geometridae: Ennominae	*Psilalcis breta* (Swinhoe, 1890)	博碎尺蛾	☆
Geometridae: Ennominae	*Ruttellerona pseudocessaria* Holloway, 1994	笠辰尺蛾	☆
Geometridae: Ennominae	*Semiothisa emersaria* Walker, 1861	凤凰木尺蛾	#
Geometridae: Geometrinae	*Agathia lycaenaria* (Kollar, 1844)	夹竹桃艳青尺蛾	*
Geometridae: Geometrinae	*Dysphania militaris* (Linnaeus, 1758)	豹尺蛾	*
Geometridae: Geometrinae	*Herochroma cristata* (Warren, 1894)	冠始青尺蛾	☆
Geometridae: Geometrinae	*Pingasa chlora crenaria* Guenée, 1858	广州粉尺蛾	#
Geometridae: Geometrinae	*Pingasa chloroides* Galsworthy, 1998	浅粉尺蛾	☆
Geometridae: Geometrinae	*Pingasa ruginaria pacifica* Inoue, 1964	黄基粉尺蛾日本亚种	☆
Geometridae: Geometrinae	*Thalassodes quadraria* Guenée, 1857	樟翠尺蛾	#
Geometridae: Sterrhinae	*Antitrygodes divisaria perturbatus* Prout, 1914	墨绿蟹尺蛾台湾亚种	☆
Geometridae: Sterrhinae	*Perixera minorata* (Warren, 1897)	隐带褐姬尺蛾	☆
Geometridae: Sterrhinae	*Problepsis paredra* Prout, 1917	邻眼尺蛾	*
Geometridae: Sterrhinae	*Pylargosceles steganioides* (Butler, 1878)	双珠严尺蛾	☆
Geometridae: Sterrhinae	*Timandra comptaria* Walker, 1862	紫线尺蛾	#
Geometridae: Sterrhinae	*Timandra recompta* (Prout, 1930)	紫条尺蛾	☆
Geometridae: Sterrhinae	*Traminda aventiaria* (Guenée, 1857)	巾纺尺蛾	☆
Geometridae: Desmobathrinae	*Eumelea biflavata* Warren, 1896	赤粉尺蛾	*
Geometridae: Desmobathrinae	*Eumelea ludovicata* Guenée, 1857	雌黄粉尺蛾	☆
Uraniidae: Epipleminae	*Phazaca kosemponicola* (Strand, 1916)	三角斑双尾蛾	☆
Uraniidae: Microniinae	*Micronia aculeata* Guenée, 1857	一点燕蛾	*
Uraniidae: Uraniinae	*Lyssa zampa* (Butler, 1869)	大燕蛾	*
Drepanidae: Drepaninae	*Drapetodes mitaria* Guenée, 1857	细纹黄钩蛾	☆
Drepanidae: Drepaninae	*Oreta hoenei* Watson, 1967	宏山钩蛾	☆
Lasiocampidae: Lasiocampinae	*Dendrolimus punctata* (Walker, 1855)	马尾松毛虫	*
Lasiocampidae: Lasiocampinae	*Euthrix laeta* (Walker, 1855)	竹纹枯叶蛾	☆
Lasiocampidae: Lasiocampinae	*Odonestis vita* Moore, 1859	直缘枯叶蛾	#
Lasiocampidae: Lasiocampinae	*Trabala vishnou* (Lefèbvre, 1827)	栗黄枯叶蛾	#
Saturniidae: Saturniinae	*Actias selene ningpoana* Felder, 1862	绿尾大蚕蛾	*
Saturniidae: Saturniinae	*Samia cynthia* (Drury, 1773)	樗蚕	#
Bombycidae	*Ernolatia lida* (Moore, [1860])	大黑点白蚕蛾	#
Bombycidae	*Trilocha varians* (Walker, 1855)	灰白蚕蛾	#
Sphingidae: Sphinginae	*Acherontia lachesis* (Fabricius, 1798)	鬼脸天蛾	*
Sphingidae: Sphinginae	*Acherontia styx* (Westwood, 1847)	芝麻鬼脸天蛾	#

（续表）

科：亚科	拉丁名	中文名	备注
Sphingidae: Sphinginae	*Agrius convolvuli* (Linnaeus, 1758)	白薯天蛾	*
Sphingidae: Sphinginae	*Psilogramma menephron* (Cramer, [1780])	霜天蛾	#
Sphingidae: Macroglossinae	*Angonyx testacea* (Walker, 1856)	绒绿天蛾	☆
Sphingidae: Macroglossinae	*Cephonodes hylas* (Linnaeus, 1771)	咖啡透翅天蛾	#
Sphingidae: Macroglossinae	*Daphnis hypothous* (Cramer, 1780)	茜草白腰天蛾	*
Sphingidae: Macroglossinae	*Daphnis nerii* (Linnaeus, 1758)	夹竹桃天蛾	#
Sphingidae: Macroglossinae	*Eupanacra mydon* (Walker, 1856)	鸟嘴斜带天蛾	#
Sphingidae: Macroglossinae	*Hippotion celerio* (Linnaeus, 1758)	银条斜线天蛾	#
Sphingidae: Macroglossinae	*Hippotion rafflesi* (Moore, [1858])	红后斜线天蛾	*
Sphingidae: Macroglossinae	*Macroglossum belis* (Linnaeus, 1758)	淡纹长喙天蛾	#
Sphingidae: Macroglossinae	*Macroglossum corythus* Walker, 1856	长喙天蛾	*
Sphingidae: Macroglossinae	*Macroglossum fritzei* Rothschild *et* Jordan, 1903	佛瑞兹长喙天蛾	☆
Sphingidae: Macroglossinae	*Macroglossum heliophila* Boisduval, [1875]	九节木长喙天蛾	#
Sphingidae: Macroglossinae	*Macroglossum pyrrhosticta* Butler, 1875	黑长喙天蛾	*
Sphingidae: Macroglossinae	*Macroglossum saga* Butler, 1878	北京长喙天蛾	☆
Sphingidae: Macroglossinae	*Macroglossum sitiene* Walker, 1856	膝带长喙天蛾	#
Sphingidae: Macroglossinae	*Neogurelca hyas* (Walker, 1856)	团角锤天蛾	#
Sphingidae: Macroglossinae	*Theretra alecto* (Linnaeus, 1758)	斜纹后红天蛾	#
Sphingidae: Macroglossinae	*Theretra clotho clotho* (Drury, 1773)	斜纹天蛾	#
Sphingidae: Macroglossinae	*Theretra latreillii* (Macleay, [1826])	土色斜纹天蛾	*
Sphingidae: Macroglossinae	*Theretra nessus* (Drury, 1773)	青背斜纹天蛾	*
Sphingidae: Macroglossinae	*Theretra pinastrina pinastrina* (Martyn, 1797)	芋单线天蛾	#
Sphingidae: Macroglossinae	*Theretra silhetensis* (Walker, 1856)	单线条纹天蛾	#
Sphingidae: Smerinthinae	*Clanis bilineata tsingtauica* Mell, 1922	豆天蛾	☆
Sphingidae: Smerinthinae	*Marumba dyras* (Walker, 1856)	椴六点天蛾	#
Sphingidae: Smerinthinae	*Marumba gaschkewitschi complacens* (Walker, 1864)	梨六点天蛾	#
Sphingidae: Smerinthinae	*Marumba sperchius* (Ménétriès, 1857)	栗六点天蛾	☆

注：1. 本名录中科、属级阶元的顺序主要按照系统发育关系排列。2. 澳门蛾类新记录种标记为☆，仅文献记载的澳门蛾类物种标记为#，本书及文献均有记录的种类标记为*。

附录2 中文名索引

附录3 拉丁学名索引